U0890992

有色冶金课程实验教程

主　编：李家元　梁之凯

副主编：袁宁辉　李超男

编　委：（以姓氏笔划为序）

邓　斌　兰小兵　张二军　张圣南

陈　俊　罗正波　曾凡花　谭代娣

江苏大学出版社
JIANGSU UNIVERSITY PRESS
镇　江

图书在版编目(CIP)数据

有色冶金课程实验教程 / 李家元，梁之凯主编. —镇江：江苏大学出版社，2021.9
ISBN 978-7-5684-1683-2

Ⅰ. ①有… Ⅱ. ①李… ②梁… Ⅲ. ①有色金属冶金—实验—高等学校—教材 Ⅳ. ①TF8-33

中国版本图书馆 CIP 数据核字(2021)第 187825 号

有色冶金课程实验教程
Youse Yejin Kecheng Shiyan Jiaocheng

主　　编/李家元　梁之凯
责任编辑/仲　蕙
出版发行/江苏大学出版社
地　　址/江苏省镇江市梦溪园巷 30 号(邮编：212003)
电　　话/0511-84446464(传真)
网　　址/http://press.ujs.edu.cn
排　　版/镇江市江东印刷有限责任公司
印　　刷/江苏凤凰数码印务有限公司
开　　本/787 mm×1 092 mm　1/16
印　　张/7.25
字　　数/162 千字
版　　次/2021 年 9 月第 1 版
印　　次/2021 年 9 月第 1 次印刷
书　　号/ISBN 978-7-5684-1683-2
定　　价/40.00 元

如有印装质量问题请与本社营销部联系(电话:0511-84440882)

目 录

第一章　重金属冶金学实验

实验1-1　硫化锌精矿氧化动力学测定

【实验目的】

(1) 掌握采用固定床进行硫化锌精矿氧化焙烧，分析各段时间硫的脱出率，并绘制氧化速度与时间的关系曲线。

(2) 掌握氧化动力学的研究方法。

(3) 了解硫化锌精矿氧化过程的机理。

(4) 掌握硫的分析方法。

【实验原理】

在冶炼过程中，为了得到所要求的化学组分，硫化锌精矿必须进行焙烧。硫化锌的氧化是焙烧过程最主要的反应：

$$ZnS+\frac{3}{2}O_2 = ZnO+SO_2$$

反应机理：

$$ZnS+0.5O_{2(气)} \longrightarrow ZnS\cdots[O]_{吸附} \longrightarrow ZnO+[S]_{吸附}$$

$$ZnO+[S]_{吸附}+O_2 \longrightarrow ZnO+SO_{2\,解吸}$$

这个反应是由气相与固相反应生成多相的反应，包括传热与传质过程。硫化锌颗粒开始氧化的初期，化学反应的速度控制着焙烧反应的速度，但当反应进行到某种程度时，颗粒表面被氧化生成物所覆盖，参与反应的氧通过这一氧化物层向反应界面扩散的速度，反应生成物 SO_2通过扩散从反应界面离去的速度等，影响总氧化速度。

因此，可以认为硫化矿的氧化焙烧反应按如下步骤进行(图1-1-1)：

(1) 氧通过颗粒周围的气体膜向其表面扩散；

(2) 氧通过颗粒表面氧化生成物向反应界面扩散；

(3) 在反应界面上进行化学反应；

(4) 反应生成的气体 SO_2向着与氧相反的方向扩散，即反应从颗粒表面向其中心部位逐层进行，符合收缩未反应核模型。

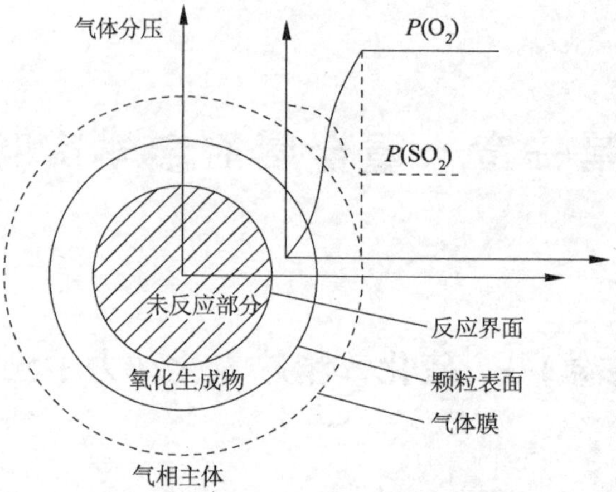

图 1-1-1　硫化矿的氧化焙烧反应模型

因此，要提高硫化物的氧化速度，可提高气相中氧的分压、氧和 SO_2 的扩散速度、减小矿石粒度、增大反应面积和降低氧化层厚度。而工业上为了强化焙烧的氧化过程，常采用提高温度、增大气流速度与氧的浓度，以及提高矿石的细磨度的方法。

本实验采用固定床焙烧来测定硫化锌的氧化速度。分析氧化过程中某一时段内产生的 SO_2 的量来计算硫化锌中硫的脱出率，即单位时间硫的脱出率。为了便于比较不同硫化锌精矿和不同条件下硫化物的氧化速度，引入以下公式：

$$R_S = \frac{m_{S_i}}{m_{S_{总}}}$$

式中：R_S—硫化锌精矿中硫的氧化分数；

m_{S_i}—硫化锌精矿氧化过程中某一时段内失去的硫量，g；

$m_{S_{总}}$—硫化锌精矿中总含硫量，g。

根据氧化分数和时间的关系作图，可以得出不同温度、不同粒度、不同气相组成对硫化锌焙烧过程的影响。

本实验通过向卧式管状电炉中通空气，并在温度低于硫化锌的熔点下进行。用过氧化氢吸收生成的 SO_2 气体，两者发生氧化反应，生成 H_2SO_4，再用已知浓度的标准溶液（NaOH 溶液）进行滴定。通过秒表计时，控制吸收液的吸收时间，通过滴定来分析 SO_2 得到硫的脱出率。

【实验仪器及试剂】

1. 实验仪器

电子天平、管状电炉、智能温度控制器、滴定台、气体吸收装置、无油空气压缩机、锥形瓶、磨口瓶、广口瓶、碱式滴定管、秒表。

2. 实验试剂与试料

氢氧化钠、甲基红、亚甲基蓝、无水乙醇、双氧水、硫化锌精矿、硅、去离子水。

【实验步骤】

(1) 检查并熟悉电气线路和气路系统。

(2) 接通加热电源,调整控温器至实验温度,使管状炉升温。

(3) 称取 1 g 左右的 ZnS 精矿,均匀置于瓷舟中。

(4) 配制 SO_2 吸收液:量取过氧化氢 15 mL;加入 0.2%的甲基红指示剂 15 mL 和 0.2%的亚甲基蓝 2~3 mL;加蒸馏水稀释至 500 mL,溶液呈紫红色。

(5) 将吸收液分成 2 份,装入图 1-1-2 中对应的吸收瓶中,再接入管状电炉出气端。

(6) 通少量氮气,以赶走气路系统中的空气。

(7) 当控温器指示温度达到实验温度时,打开炉塞,将盛有 ZnS 精矿的瓷舟推入管状电炉的等温区。

(8) 塞紧炉塞,并转动三通活塞,使炉气与第一组吸收瓶连通。

(9) 关氮气,开空压机,控制一定流量,当第一组吸收瓶内开始冒泡时,计时开始。

(10) 第一组吸收 5 min 后,立即旋转三通活塞使气体进入第二组吸收瓶,并吸收相同时间,以此类推,直到 6 组吸收瓶全部吸收后,关空压机。

(11) 切断电源,将瓷舟从炉管取出。

(12) 用已知浓度的 NaOH 标准溶液分别滴定各组吸收液,滴至亮绿色,并记录消耗的 NaOH 标准溶液的体积(mL)。

硫化锌精矿氧化动力学测定装置如图 1-1-2 所示。

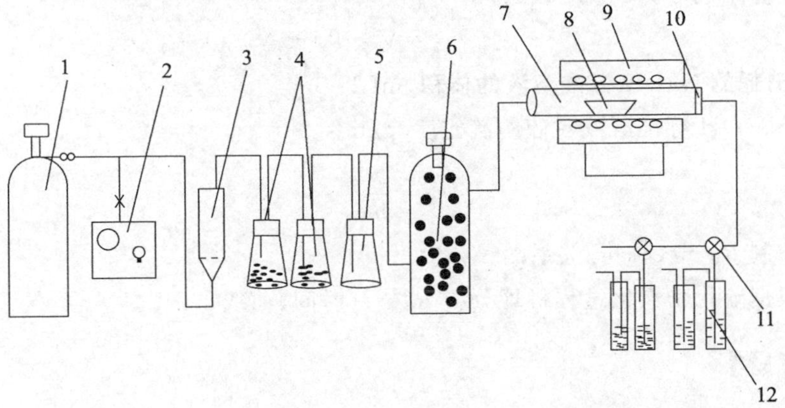

1—氮气瓶;2—空压机;3—流量计;4—净化气体吸收瓶;5—防倒吸装置;6—干燥塔;7—瓷管;8—瓷舟+试样;9—管状电炉;10—橡皮塞;11—三通活塞;12—SO_2 吸收瓶

图 1-1-2 硫化锌精矿氧化动力学测定装置

【注意事项】

注意三通活塞的旋转方向。

【数据记录】

ZnS 精矿成分(%)____________;ZnS 精矿粒度(目)____________;矿样质量(g)____________;焙烧温度(℃)____________;空气流量(mL/min)____________。

将 6 组 SO_2 吸收瓶吸收的时间及滴定消耗的 NaOH 标准溶液的体积填入表 1-1-1 中。根据硫化锌精矿氧化过程中某一时间内失去的硫量(m_{S_i})计算出 R_S并将数据填入表 1-1-1 中。

表 1-1-1　实验数据记录表

组数	时间/min	滴定消耗的 NaOH 标准溶液的体积/mL	m_{S_i}/g	R_S
1				
2				
3				
4				
5				
6				

【数据处理与报告编写】

(1) 计算 ZnS 精矿中总含硫量 $m_{S_总}$。

(2) 计算不同时刻的 m_{S_i} 和 R_S:

$$m_{S_i}=V\cdot T_S$$

式中:V—消耗的 NaOH 标准溶液的体积,mL;

T_S—NaOH 标准溶液对硫的滴定度,g/mL。

$$R_S=\frac{m_{S_i}}{m_{S_总}}$$

(3) 绘制 R_S-t(时间)关系图。

(4) 根据硫化物氧化过程机理分析 R_S-t(时间)曲线。

【思考题】

根据硫化矿氧化焙烧反应收缩未反应核模型,应采取哪些措施来强化氧化焙烧过程?

【参考文献】

李洪桂. 冶金原理[M]. 北京:科学出版社,2005.

实验 1-2　锌焙砂浸出动力学测定

【实验目的】

(1) 了解浸出的目的(使要提取的金属溶解于浸出剂,大部分杂质不溶解而留在渣中,实现要提取金属与杂质的初步分离)。

(2) 掌握锌焙砂浸出的方法。

(3) 熟悉影响锌焙砂浸出的因素。

【实验原理】

氧化物料的浸出反应,属于液—固两相反应,本实验采用硫酸溶液浸出锌,化学反应式为

$$MeO + H_2SO_4 = MeSO_4 + H_2O$$

对于液—固反应体系,一般分五个步骤进行,即扩散—吸附—化学反应—解吸—扩散。这五个步骤中速度最慢的步骤就是决定反应速度快慢的关键,我们称之为控制性步骤。在本实验中,控制性步骤主要是化学反应与扩散。

影响浸出速度的因素有浸出液温度、颗粒大小、搅拌速度、溶剂浓度等。在一定范围,适当提高反应体系温度、减小颗粒尺寸、加强搅拌、提高溶剂浓度可以起到提高反应速度的效果。锌焙砂的浸出是颗粒体积不断缩小的过程,根据数学推导可以得出该"缩核模型"的速度表达式为

$$1-(1-R)^{\frac{1}{3}}=\frac{1}{3}KS_0t$$

式中:R—浸出率;

t—反应时间;

K—单位面积的浸出速度;

S_0—颗粒起始面积。

通过分析化验得出锌的浸出率,然后代入上述公式,检验数据是否使等式两边相等。如果相等,则证明锌焙砂的浸出在该条件下属于化学反应控制。

【实验仪器及试剂】

1. 实验仪器

酸度计、恒温水浴锅、电动搅拌器、滴定台、酸式滴定管、移液管、洗耳球、电子天平。

2. 实验试剂与试料

硫酸、锌焙砂、乙酸、乙酸钠、EDTA、锌标准液(1 mg/mL)、氨水、乙醇、二甲酚橙、甲基橙、盐酸羟胺。

【实验步骤】

(1) 用电子天平准确称取所需粒度范围的锌焙砂 5.00 g,放入温度恒定(55～65℃)、体积为 300 mL、浓度为 1.0 mol/L 的硫酸溶液中。

(2) 开启电动搅拌器,控制转速在 200～350 r/min,使之匀速搅拌。

(3) 每隔一段时间(5～10 min),用移液管准确取样 2～4 mL,分析溶液中锌的含量。

(4) 待实验进行到所需时间或锌焙砂溶解完毕,停止实验,关闭所有设备的电源。

(5) 将所得实验数据进行整理,作出浸出率与时间的关系曲线,并据此判断该条件下浸出的控制性步骤。

(6) 清理实验室,获得指导人员许可后方可离开。

【注意事项】

硫酸溶液的体积和浓度要适当,避免取出溶液进行分析时对硫酸溶液的浓度影响过大。每次取样 2～4 mL,不能太多。

【数据记录与处理】

将不同条件下测得的数据填入表 1-2-1 中。

表 1-2-1　实验数据记录表

组数	时间/min	溶液中锌的含量/%	温度/℃	搅拌速度/(r·min^{-1})
1				
2				
3				
4				
5				
6				
7				
8				
9				
10				
11				
12				
13				
14				
15				

【思考题】

根据上述实验数据判断硫酸浸出锌焙砂的控制性步骤，并计算反应活化能。

【参考文献】

[1] 李洪桂. 冶金原理[M]. 北京：科学出版社，2005.
[2] 赵天从. 重金属冶金学(下册)[M]. 北京：冶金工业出版社，1981.

实验 1-3　锌焙砂的浸出

【实验目的】

(1) 掌握锌焙砂浸出的基本原理。

(2) 学会运用 φ-pH 图控制浸出过程的工艺条件。

【实验原理】

硫化锌精矿经氧化焙烧后，所得产品称为锌焙砂，其主要成分是氧化锌，还有少量的氧化铜、氧化镍、氧化钴、氧化镉、氧化砷、氧化锑、氧化亚铁、三氧化二铁、氧化银等。锌焙砂用硫酸溶液（或废电解液）进行浸出，其主要反应为

$$ZnO + H_2SO_4 \xlongequal{} ZnSO_4 + H_2O$$

浸出的目的是使锌焙砂中的锌尽可能迅速、完全地溶解于溶液中，而有害杂质，如铁、砷、锑等尽可能少地进入溶液，这样就实现了锌与杂质的分离。浸出时，氧化锌形态的锌是很容易进入溶液的，但问题在于锌浸出的同时，有相当数量的杂质（铜、镉、钴、铁、砷、锑等）也会进入溶液中，其反应通式为

$$Me_zO_y + yH_2SO_4 \xlongequal{} Me_z(SO_4)_y + yH_2O$$

工业上浸出分为中性浸出和酸性浸出。中性浸出除把锌浸出外，还要保证浸出液的质量，即承担着中和、水解净化除去铁、砷、锑的任务，矿浆的 pH 值需控制在 5～5.2。酸性浸出除考虑少溶解杂质外，还必须使锌尽可能多地溶解出来，以此提高锌焙砂中锌的浸出率，终点酸度一般控制在 1～5 g/L H_2SO_4。由于锌焙砂中部分锌以铁酸锌 $ZnFe_2O_4$的形态存在，其在上述两种浸出条件下是不溶解的，而与其他不溶杂质一道进入渣中，所以渣中的锌含量仍在 20%左右。这种浸出渣常用烟化挥发的火法处理，然后以氧化锌粉的形态进一步湿法处理。近年来，研究者已用热酸浸出代替酸性浸出，浸出液采用湿法分离锌和铁，使流程大为简化。

分离杂质离子与锌最简便的方法是中和沉淀。其原理可用 φ-pH 图（图 1-3-1）来分析：为了保证浸出液中的 Zn^{2+} 不发生水解沉淀，浸出过程必须在 pH 值小于 6.04 的 Zn^{2+} 稳定区（1、2 线所划出的 Zn^{2+} 区）进行；Cu^{2+} 水解平衡时的 pH 值稍小。当 Cu^{2+} 的活度很小时，$a_{Cu^{2+}}=10^{-3}$；pH＝6.1 时，Fe^{2+}，Cd^{2+}，Co^{2+}，Ni^{2+} 水解平衡时的 pH 值分别为 8.37，8.54，8.15，8.125，即 Fe^{2+}，Cd^{2+}，Co^{2+}，Ni^{2+} 水解平衡时的 pH 值均在 8 以上，故要保证 Zn^{2+} 尽可能多地进入溶液，就不能用水解沉淀法将它们除去。Fe^{3+} 比 Fe^{2+} 水解平衡时的 pH 值要低得多，故可用中和水解沉淀法将 Fe^{3+} 有效地除去。为了净化除铁，必须使 Fe^{2+} 氧化成 Fe^{3+}，生产实践中常将软锰矿作为 Fe^{2+} 的氧化剂。

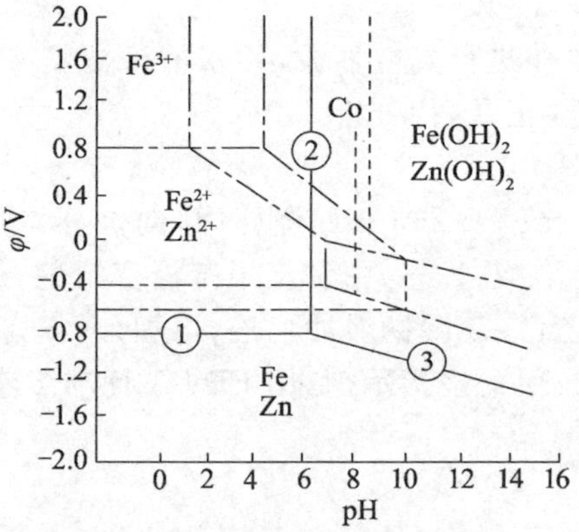

图 1-3-1　锌焙砂中性浸出的原理

【实验装置】

磁力加热搅拌器、PHS－2 型酸度计、数字电压表、浸出槽、真空泵、瓷漏斗。具体实验装置如图 1-3-2 所示。

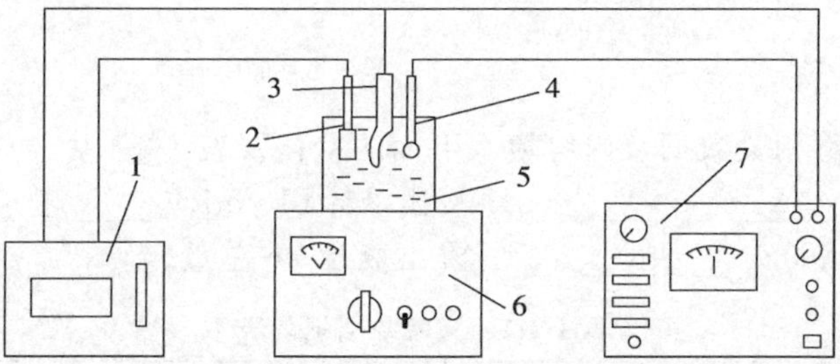

1—数字电压表；2—铂电极；3—甘汞电极；4—玻璃电极；5—玻璃测试杯；

6—磁力加热搅拌器；7—酸度计

图 1-3-2　锌焙砂浸出实验装置

【实验步骤】

1. 准备

取 320 mL 55 g/L H_2SO_4溶液加入浸出容器中，插入数字电压表和酸度计的测量电极，对溶液进行加热。

2. 浸出

当溶液温度升到 60～70℃时，开启搅拌器，控制适当转速。称取 40 g 锌焙砂，将其缓慢加入上述玻璃测试杯中，浸出即开始，维持 30 min。测量并记录 φ 及对应的 pH 值。

3. 中和

浸出 30 min 后，加入双氧水 5 mL，搅拌 5～10 min，并测量记录 φ 及对应的 pH 值，随后缓慢加入氨水(1＋1)中和，同时测量记录 φ 及对应的 pH 值，pH＝5.2～5.4 时，停止搅拌，静置 10 min，并注意观察沉渣及颗粒的成长情况。

4. 过滤

矿浆经澄清后，用瓷漏斗进行真空抽滤，用水清洗滤渣 2～3 次，弃去滤渣，用量筒量取滤液（浸出液）的体积并记录，待分析。

5. 测定浸出液含锌量

用移液管取浸出液 1 mL 于 250 mL 烧杯中，向烧杯中加入 20 mL 蒸馏水，再滴 1 滴 0.1%甲基橙，加 HCl 溶液(1+1)中和至甲基橙变红色；加入 2～3 滴氨水(1+1)，使溶液变黄；加入 10 mL 乙酸-乙酸钠缓冲溶液，再加入 2～3 mL 10%的硫代硫酸钠溶液，混匀；加入 2 滴 0.5%二甲酚橙指示剂，用 EDTA 标准溶液滴定，溶液由酒红色恰变为黄亮色且保持不变即为终点。

浸出液含锌量的计算公式：

$$W = V_1 \cdot T \cdot \frac{V_2}{V_3}$$

式中：W—浸出液含 Zn 总量，g；

V_1—滴定消耗的 EDTA 体积，mL；

T—滴定度，g/mL；

V_2—浸出液总体积，mL；

V_3—浸出液原液体积，mL。

【数据记录】

实验开始后，将相关数据及内容填入下面的空格及表 1-3-1 中。

焙砂质量(g)____________________；浸出液体积 (mL)______________________；

焙砂中 Zn 含量(%)_____________；浸出液含 Zn 总量(g)___________________；

表 1-3-1　实验数据记录表

时间	操作步骤	温度	φ	pH	现象

【数据处理与报告编写】

(1) 浸出率计算：

$$浸出率=\frac{浸出液中含锌的总量}{焙砂中含锌的总量}\times 100\%$$

$$焙砂中含锌的总量=焙砂质量\times 焙砂中锌含量$$

(2) 评价浸出结果。

(3) 简述如何在实验过程中运用 φ-pH 图控制浸出过程的工艺条件。

【思考题】

应采取哪些措施强化浸出过程、提高锌的浸出率，同时使杂质尽可能少地进入溶液？

【参考文献】

[1] 李洪桂. 冶金原理[M]. 北京：科学出版社，2005.

[2] 李洪桂. 湿法冶金学[M]. 长沙：中南大学出版社，2002.

[3] 梅光贵，王德润，周敬元，等. 湿法炼锌学[M]. 长沙：中南大学出版社，2001.

[4] 赵延昌. 有色冶金实验[M]. 沈阳：东北大学出版社，1993.

【附　录】

锌精矿中锌含量的测定

➢原理

试样用盐酸、硝酸和硫酸溶解，沉淀分离铁、锰、铅等共存元素。滤液中加入掩蔽剂掩蔽少量干扰元素。在 pH＝5～6 的乙酸-乙酸钠缓冲溶液中，以二甲酚橙为指示剂，用 EDTA 标准溶液滴定。测得结果为锌、镉含量，减去镉含量，即为锌含量。

本法适用于锌精矿中含 30%～60%锌的测定。

➢试剂配制

(1) 洗涤液：取 2 g 氯化铵溶于 100 mL 水中，加 3～4 滴氨水，混匀。

(2) 过硫酸铵溶液：200 g/L，当日配制。

(3) 氟化钾溶液：200 g/L，贮于塑料瓶中。

(4) 二甲酚橙指示剂：5 g/L，限两周内使用。

(5) pH＝5.5 的乙酸-乙酸钠缓冲溶液：取 150 g 无水乙酸钠溶于水中，加入 50 mL 36%(V/V)乙酸，用水稀释至 1000 mL，摇匀。

(6) EDTA 标准溶液：称取 18.6 g 乙二胺四乙酸二钠，加水微热溶解，冷却至室温，移入 1 L 容量瓶中，用水定容，放置三天后标定。

(7) 标定：称取三份 0.1000 g 锌(99.95%)置于 300 mL 缩口烧杯中，加入 10 mL 盐酸 (1+1)，盖上表面皿，低温加热至全部溶解，取下放冷。冷却后用水稀释至 150 mL，滴加 1 滴 0.5 g/L 甲基橙指示剂，用氨水(1+1)和盐酸(1+1)调至溶液恰变红色。加 20 mL 乙酸-乙酸钠缓冲溶液，再加 2 滴 5 g/L 二甲酚橙指示剂，用 EDTA 标准溶液滴定至溶液由紫红色变为亮红色，最后为亮黄色，即为终点。

➢分析步骤

称取 0.2000 g 试样置于 400 mL 烧杯中，加少量水湿润(随同试样做空白试验)，加入 10 mL 盐酸，加热溶解，释放硫化氢 5～10 min，加入 5 mL 硝酸至试样分解完全，加入 5 mL 硫酸(1+1)，继续加热至试样呈湿盐状(如试样中碳含量较高，可在蒸至冒白烟时取下，放冷，加入 1～2 mL 高氯酸，继续加热至接近蒸发完全)，取下放冷。加 20 mL 硫酸(1+9)，盖上表面皿，加热溶解盐类，稍冷，用水洗表面皿及杯壁，将溶液稀释至 60 mL 左右(如溶液中含铁较少，适当补加硫酸铁溶液使溶液中含铁量为 20～30 mg)，加入 3～5 g 氯化铵、5 mL 200 g/L 过硫酸铵溶液，用氨水(1+1)中和至沉淀完全，再过量 10 mL，加热微沸 1～2 min，趁热用快速定性滤纸过滤，用热的洗涤液洗涤烧杯和沉淀各 2～3 次，滤液保留。将沉淀用热的洗涤液洗到原沉淀的烧杯中，加入盐酸(1+1)溶解沉淀，加入 5 mL 200 g/L 过硫酸铵溶液，用氨水(1+1)中和至沉淀完全，再过量10 mL，加热微沸 1～2 min，取下，经原滤纸过滤于保留液的烧杯中，用热的洗涤液洗涤烧杯和沉淀各 3～4 次。将滤液煮沸并浓缩至体积约为 100 mL，取下放冷，加入 0.1 g 抗坏血酸、1 滴甲基橙指示剂，用氨水(1+1)和盐酸(1+1)调至溶液恰变红色，加入20 mL 乙酸-乙酸钠缓冲溶液、5 mL 20 g/L 氟化钾溶液、10 mL 100 g/L 硫代硫酸钠溶液，混匀。滴入 2 滴二甲酚橙指示剂，用 EDTA 标准溶液滴定至溶液由紫红色变为亮黄色，即为终点。

➢计算

$$\mathrm{Zn}(\%)=\frac{f(V_1-V_2)}{m}\times 100-A\times 0.5816$$

式中：f—与 1.00 mL EDTA 标准溶液相当的以克表示的锌的质量；

V_1—消耗 EDTA 标准溶液的体积，mL；

V_2—空白试验消耗 EDTA 标准溶液的体积，mL；

m—试样质量，g；

A—试样中镉的质量分数；

0.5816—镉换算成锌的系数。

实验 1-4　方铅矿的三氯化铁浸出

【实验目的】

(1) 掌握三氯化铁浸出方铅矿并回收铅及元素硫的基本原理与工艺。

(2) 掌握三氯化铁浸出方铅矿及元素硫回收的实验设备与操作。

(3) 了解三氯化铁的化学性质。

【实验原理】

炼铅的主要原料是硫化铅精矿，而硫化铅精矿的矿物形态是方铅矿。目前，世界上铅的生产方法几乎全是火法冶金工艺，传统的烧结——鼓风炉还原熔炼工艺仍是铅的主要生产方法，但此法会造成铅污染及毒害，冶金学家们愈来愈重视无污染的铅冶炼方法的研究。近二十年来，国内外学者对三氯化铁、氯化高铜及硫酸铁[$Fe_2(SO_4)_3$]浸出铅矿回收铅及元素硫的工艺，均做了大量的试验研究工作。

用三氯化铁的饱和食盐溶液浸出硫化铅精矿时，铅的浸出率可达 98%～99%，锌的浸出率达 80%～87%，银的浸出率达 81%～88%。三氯化铁饱和食盐溶液浸出方铅矿时，金属硫化物中的硫被转化成为元素硫进入浸出渣中；金属则与三氯化铁中的氯结合生成相应的金属氯化物进入浸出液中。因铅的氯化物能溶解在碱金属或碱土金属氯化物溶液中，故浸出时必须加入氯化钠作助溶剂。

用三氯化铁浸出方铅矿时的主要反应为

$$PbS + 2FeCl_3 = PbCl_2 + 2FeCl_2 + S\downarrow$$

在浸出时，进入浸出液的金属氯化物主要有 $PbCl_2$，$ZnCl_2$，$CuCl_2$，其次还有少量的稀、贵金属氯化物，如 AgCl 和 $InCl_2$ 等。此种含 $PbCl_2$ 的溶液很不稳定，当温度降至室温时，约 80% 的 $PbCl_2$ 会结晶析出。为了使 $PbCl_2$ 溶液与浸出渣能很好地分离，就必须保温过滤，随后滤液降温结晶以分离出固体 $PbCl_2$。

由于 $PbCl_2$ 不能直接溶于氟硅酸中生成氟硅酸铅。因此，为了获得致密的金属铅，就必须使 $PbCl_2$ 转化成为能溶于氟硅酸的铅盐，如碱式氯化铅或碳酸铅，然后再制备成氟硅酸铅并在氟硅酸电解液中电积以产出致密的纯金属铅。也可用铁屑直接从 $PbCl_2$ 溶液中置换出海锦铅或用铁(或石墨)作阳极直接电积产出铅；也可使 $PbCl_2$ 结晶析出，然后在熔盐电解槽中产出金属铅；也可使 $PbCl_2$ 生成碱式氯化铅[Pb(OH)Cl]沉淀后，通过还原熔炼产出金属铅。

浸出时需加入一定量的盐酸以防止三氯化铁被水解。$FeCl_2$ 必须再生循环使用。硫化铅精矿一般含硫 30%左右；浸出过程中，约 95%的硫转变成元素硫进入浸出渣中。因此，回收浸出渣中的元素硫，对于综合利用和环境保护都有十分重要的意义。用四氯乙烯萃取浸出渣中的元素硫，可得到光谱纯单质硫，但成本高；也可用硫化铵回收元素

硫，此过程的反应式为

$$(NH_4)_2S+xS \xlongequal{} (NH_4)_2S_{x+1}$$

上述反应可在室温下进行，然后在95℃下可发生下列反应析出元素硫：

$$(NH_4)_2S_{x+1} \xlongequal{95℃} 2NH_3\uparrow + H_2S\uparrow + xS\downarrow$$

NH_3和H_2S可回收用于产出$(NH_4)_2S$，使$(NH_4)_2S$得以再生循环。

也有用选矿方法回收元素硫的，将浸出渣送化肥厂与硫铁矿一起熔烧制取硫酸。

浸出液中的铟、镉、锌、银、铜等有价金属也应综合回收利用。

三氯化铁是强氧化剂，近二十年来还用于黄铜矿、复合铜铅锌矿的直接浸出实验研究。氯化高铜、硫酸铁也是强氧化剂，也用于方铅矿、黄铜矿的浸出试验研究。此外，由于三氯化铁的腐蚀性很强，因此浸出设备应具有耐腐蚀性能。

【实验仪器及试料、试剂】

1. 实验仪器

万用电炉、天平、烘箱、真空泵、烧杯、布氏漏斗、过滤瓶、表面皿、容量瓶、水银温度计、78HW－1型恒温磁力搅拌器、量筒等。

2. 实验试料、试剂

浮选硫化铅精矿：含Pb ________%；含S ________%；粒度：－200目______%。

三氯化铁（工业纯或化学纯）、四氯乙烯或硫化铵（均为化学纯试剂）、盐酸、食盐。

【实验步骤】

(1) 按反应式$PbS+2FeCl_3 \longrightarrow PbCl_2+2FeCl_2+S$计算三氯化铁的理论需要量。

(2) 在下列技术条件范围内拟订浸出的技术条件：

温度：80℃～沸腾；液：固＝(6～8)：1；浸出时间：1～2 h；粒度：－200目____%；三氯化铁过量：10%～20%；精矿质量：40～50 g；盐酸用量：10～20 mL，以保证三氯化铁不发生水解为准；食盐溶液：常温饱和溶液。

(3) 配制三氯化铁浸出液：称取所需用量的三氯化铁置于500 mL烧杯中，按所预定的液固比加入水及少量盐酸，在80℃温度下使其溶解，溶解后需加入饱和食盐水。

(4) 称取所需的精矿量，缓慢加入烧杯中，将烧杯置于恒温磁力搅拌器上，开始记录浸出作业数据。

(5) 在浸出期间，需保持浸出液面及浸出温度恒定。

(6) 待浸出作业到达所预定的时间后，停止浸出作业。

(7) 在带有机械真空泵的抽滤装置上进行保温过滤，浸出渣用热饱和食盐水洗涤2次。

(8) 将浸出液小心地转入容量瓶中并稀释至刻度，摇匀后趁热取样分析浸出液的含铅量。

(9) 将浸出渣转入烧杯内，加入四氯乙烯在90℃下萃取元素硫，然后趁热过滤。滤液冷却后便析出元素硫，收集元素硫并称重。

(10) 将浸出渣移入表面皿中，在100℃下烘干后称重。

【注意事项】

(1) 因三氯化铁的浓度不同及各地大气压不同，浸出液的沸点会有所差异。

(2) 取样分析时，浸出液内不能有$PbCl_2$晶体析出。

(3) 浸出液及元素硫的萃取都应趁热过滤。

(4) 三氯化铁浸出液可事先配制好并给出Fe^{3+}，Fe^{2+}，$Fe_{总}$的质量浓度(g/L)。

(5) 浸出液或浸出渣中铅的分析可用EDTA滴定法(详见附录)。

【数据记录】

技术条件：温度(℃)__________；时间(h)__________；液固比__________；粒度(−200目)__________%；三氯化铁浸出液中Fe^{3+}的质量浓度(g/L)__________，Fe^{2+}的质量浓度(g/L)__________，$Fe_{总}$的质量浓度(g/L)__________；精矿中Pb含量(%)__________，S含量(%)__________；精矿质量(g)__________；盐酸用量(mL)__________；浸出液体积(L)__________；浸出液中Pb的质量浓度(g/L)__________；浸出渣总质量(g)__________；浸出渣中Pb含量(%)__________；浸出渣中元素硫的质量(g)__________；三氯化铁过量(%)__________。

【数据处理】

(1) 计算铅的浸出率：

$$铅的浸出率=\frac{浸出液中元素铅的质量(g)}{精矿中元素铅的质量(g)}\times 100\%$$

(2) 计算硫的回收率：

$$硫的回收率=\frac{浸出渣中元素硫的质量(g)}{精矿中元素硫的质量(g)}\times 100\%$$

(3) 计算浸出渣产出率：

$$浸出渣产出率=\frac{干渣总质量(g)}{精矿总质量(g)}\times 100\%$$

【思考题】

(1) 浸出液与浸出渣进行液固分离时为什么要趁热过滤？

(2) 用四氯乙烯萃取元素硫时为什么要加热？为什么要趁热过滤？

(3) 三氯化铁浸出方铅矿的试验研究已有二十多年了，为什么仍未用于工业生产中？

【参考文献】

[1] 李洪桂. 冶金原理[M]. 北京:科学出版社,2005.

[2] 李洪桂. 湿法冶金学[M]. 长沙:中南大学出版社,2002.

[3] 彭容秋. 重金属冶金学[M]. 长沙:中南大学出版社,2002.

[4]《铅锌冶金学》编委会. 铅锌冶金学[M]. 北京:科学出版社,2003.

【附 录】

EDTA 滴定法测定铅

➢原理

试样用硝酸-氯酸钾饱和溶液分解,使铅呈硫酸铅沉淀。过滤,使铅与共存元素分离;然后将硫酸铅转化为乙酸铅,在 pH=5.5~6.0 的乙酸-乙酸钠缓冲溶液中,以二甲酚橙为指示剂,用 EDTA 标准溶液滴定。根据消耗的 EDTA 标准溶液的体积计算铅含量。

铁、铝、铜、锌、钴、镍、锰等元素在 pH=5.5~6.0 时能被 EDTA 络合而干扰测定。铅生成硫酸铅沉淀后可与上述元素分离,如沉淀中夹杂少量铁,则可加入抗坏血酸掩蔽。

本法适用于铅精矿中含 35%~80%铅的测定。

➢试剂配制

(1) 乙酸-乙酸钠缓冲溶液(pH=5.5~6.0):称取 375 g 无水乙酸钠溶于水中,加入 50 mL 冰乙酸,用水稀释至 2500 mL,混匀。

(2) EDTA 标准溶液:称取 8 g 乙二胺四乙酸二钠于 300 mL 烧杯中,加水微热溶解,冷却,移入 1 L 容量瓶中,用水定容。

(3) 标定:称取三份 0.2000 g 铅(99.99%)分别置于 300 mL 烧杯中,加入 20 mL 硝酸(1+1),加热至完全溶解,取下稍冷,加入 10 mL 硫酸加热至冒烟取下,冷却,放置 1 h,以下按分析步骤进行。取三份标定结果的平均值,三份标定结果的极差应不大于 0.000010 g/mL。

➢分析步骤

称取 0.3000 g 试样于 300 mL 烧杯中,用少量水润湿,加入 15 mL 硝酸-氯酸钾饱和溶液,加盖表面皿,置于电热板上加热溶解,若试样中硅含量大于 20 mg 时,需加入 0.5 g 氟化铵,待试样完全溶解,取下稍冷,加入 10 mL 硫酸,继续加热至冒浓烟约 2 min,取下冷却,用水吹洗表面皿及杯壁,加水稀释至 50 mL,煮沸 10 min,流水冷却,于室温放置 1 h。用慢速定量滤纸过滤。用 2%(*V*/*V*)硫酸洗涤烧杯 2 次、洗涤沉淀 4 次,用水洗涤烧杯 1 次、洗涤沉淀 2 次,弃去滤液。将滤纸展开,连同沉淀移入原烧杯中,加入 30 mL 乙酸-乙酸钠缓冲溶液,用水吹洗杯壁,盖上表面皿,加热微沸 10 min,

搅拌使沉淀溶解，取下冷却，加水至 150 mL。加入 0.1 g 抗坏血酸和 3～4 滴 1 g/L 二甲酚橙溶液，用 EDTA 标准溶液滴定至溶液由酒红色变为亮黄色，即为终点。若待测溶液中铋含量大于 1 mg，则在滴定前加入 2～4 mL 1%（V/V）巯基乙酸后再滴定。

➢**注意事项**

（1）乙酸-乙酸钠缓冲溶液应控制 pH 为 5.5～6.0，配制时应检查 pH 值，如不符合，应进行调整。

（2）硫酸冒烟的温度不宜太高，时间不宜太长，否则铁、铝、铋等元素易生成难溶性硫酸盐。

（3）三价铁离子阻碍二甲酚橙的变色，使终点变化不明显，故必须洗净或用抗坏血酸掩蔽。

实验1-5 用硫和二氧化硫除去镍-钴-铜硫酸盐溶液中的铜

【实验目的】

(1) 掌握用硫和二氧化硫从镍-钴-铜硫酸盐溶液中除铜的方法。

(2) 了解除铜的基本原理及其影响因素。

(3) 掌握实验设备的使用方法。

【实验原理】

在镍钴湿法冶金过程中,浸出液通常是含有Ni,Co,Cu的硫酸盐溶液,为了产出各种纯度较高的产品,必须预先除铜,溶液中的铜大多用化学法分离,用硫和二氧化硫除铜就是有效的方法之一。

1. 反应机理

将元素硫加入含有Ni,Co,Cu的硫酸盐溶液中,从而产生硫化铜沉淀,即能实现除铜,此反应只有在溶液中有硫化物、硫代硫酸根离子和连多硫酸根离子时才能进行,为了保证适当的沉淀速率,向溶液中加入SO_2作为硫化物、硫代硫酸根离子、连多硫酸根离子的来源是很有必要的。反应的假定顺序如下:

(1) 硫溶解,随后形成硫代硫酸根离子和连多硫酸根离子:

$$SO_2+H_2O=SO_3^{2-}+2H^+ \tag{1}$$

$$SO_3^{2-}+S=S_2O_3^{2-} \tag{2}$$

$$S_2O_3^{2-}+4SO_3^{2-}+6H^+=2S_3O_6^{2-}+3H_2O \tag{3}$$

在碱性溶液中还发生如下反应:

$$2S_2O_3^{2-}+8Cu^{2+}+4H_2O=S_3O_6^{2-}+8Cu^++SO_4^{2-}+8H^+ \tag{4}$$

(2) 依靠硫的不饱和化合物的分解使铜沉淀:

$$2Cu^++S_3O_6^{2-}+2H_2O=Cu_2S+2SO_4^{2-}+4H^+ \tag{5}$$

$$Cu^{2+}+S_3O_6^{2-}+2H_2O=CuS+2SO_4^{2-}+4H^+ \tag{6}$$

$$Cu^{2+}+S_2O_3^{2-}+H_2O=CuS+SO_4^{2-}+2H^+ \tag{7}$$

这些反应的次序和速度与溶液的pH值、温度和各种中间产物的种类和浓度有关。

2. 影响因素

铜沉淀的程度和速率受S和SO_2、铜离子的浓度的影响,也受反应体系的温度和氢离子浓度的影响。

(1) 硫浓度的影响:溶液中硫与硫酸铜之间的反应是多相反应,因此,固相表面的物理性质是很重要的,减小硫的粒度和用润湿剂或表面活性剂处理硫均会加快反应速率。溶液中的含硫量以硫与铜的摩尔比表示。随着硫浓度的增加,铜离子的沉淀速率增加,提纯溶液中铜的含量减少。沉淀铜离子要求的最小硫与铜的摩尔比在0.5~

1.0 之间。

(2) SO_2浓度的影响：在硫酸盐溶液中，元素硫和铜离子生成硫化铜的沉淀反应是复杂的，反应中包含作为硫载体和还原剂的硫化物、硫代硫酸根离子和连多硫酸根离子。在硫酸浸出液中，作为硫载体的这些中间产物的浓度太低，加入 SO_2则很容易解决这个问题。硫化铜的沉淀速率随 SO_2浓度的增加而加快。

(3) 温度的影响：温度对铜离子的沉淀速率有显著的影响，随着温度的升高，铜离子的沉淀速率明显加快，同时对 SO_2的需要量也减少了，温度升高能使硫的表面活化。在足够高的温度下，溶液中不加入 SO_2，也能发生硫化铜沉淀反应。

(4) 氢离子浓度的影响：从反应(5)、(6)、(7)可以看出，沉淀铜离子的过程中有酸生成，因而沉淀铜离子的过程会受氢离子浓度的影响。

【实验装置】

恒温玻璃水浴、电动搅拌机、7151－DM 型温度控制仪、启普发生器、气体流量计、烧杯等。具体实验装置如图 1-5-1 所示。

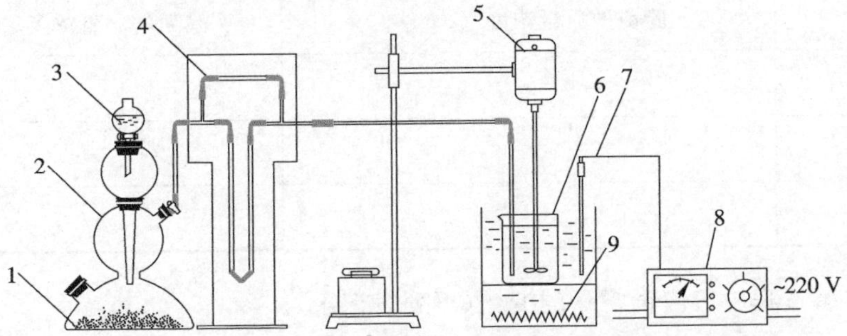

1—无水亚硫酸钠；2—启普发生器；3—硫酸(1＋1)；4—气体流量计；
5—电动搅拌机；6—烧杯；7—感温元件；8—温度控制器；9—加热电阻

图 1-5-1　实验装置图

【实验步骤】

(1) 物料准备：根据溶液中的含铜量和实验条件中选定的硫与铜的摩尔比，计算出硫的需要量，并准确称量，实验选用－200 目的硫磺粉，并用润湿剂将其浸泡（如可用一定浓度的皂角水浸泡），使硫磺粉润湿，备用。理论上需硫量与铜的摩尔比为 1∶1。

(2) 气体 SO_2的制备：用无水亚硫酸钠和硫酸(1＋1)反应，产生气体 SO_2，其反应式为

$$Na_2SO_3 + H_2SO_4 = Na_2SO_4 + H_2O + SO_2\uparrow$$

对 SO_2流量的控制，是通过调节分液漏斗的活塞，控制硫酸的滴入速度而达到的。

(3) 量取已知铜含量的溶液 500 mL，倒入 1000 mL 的烧杯中，将烧杯放在恒温水浴中，再用碳酸钠水溶液调其 pH 值，使 pH 值在 3.0～3.5 之间。通电升温，控制水浴温度为 80℃，将润湿后的硫磺粉加入溶液中，开始搅拌，并按 90 mL/min 的流速通入 SO_2。

(4) 实验过程中每隔 30 min 用移液管取一次样，分析溶液中的铜含量(采用碘量法)，并测定溶液的 pH 值。2 h 后，停止通 SO_2，取出烧杯，将溶液过滤，再将滤液用蒸馏水稀释至 500 mL，再从中取样分析铜含量。

【注意事项】

(1) 实验应在通风良好的环境下进行。

(2) 若使用钢瓶通 SO_2 时，应安装气体缓冲瓶，以保证安全。

【数据记录】

(1) 将实验条件填在横线上。

溶液体积(mL)____________；溶液温度(℃)____________；硫与铜的摩尔比____________；硫磺用量(g)____________；SO_2 流量(mL/min)____________；溶液的 pH 值____________。

(2) 将实验前后测得的溶液中 Cu，Ni，Co 的质量浓度填入表 1-5-1 中。

表 1-5-1 实验数据记录表

元素	实验前的质量浓度/($g \cdot L^{-1}$)	实验后的质量浓度/($g \cdot L^{-1}$)
Cu		
Ni		
Co		

(3) 实验过程中溶液铜含量的变化(可列表记录)。

【数据处理与报告编写】

1. 数据处理

根据实验获得的数据，作时间-溶液中铜含量关系的曲线。

2. 报告编写

(1) 实验基本原理。

(2) 实验条件和结果。

(3) 对 SO_2 作用的讨论。

【思考题】

(1) 用硫和 SO_2 的方法除铜有何优缺点？

(2) 实验所用的除铜法在工业上是否可行？受何因素制约？

【参考文献】

赵延昌. 有色冶金实验[M]. 沈阳：东北大学出版社，1993.

实验 1-6　锌粉置换法除硫酸锌中少量铜、镉和钴

【实验目的】

(1) 熟悉沉淀法净化除杂的原理。

(2) 掌握用沉淀法除去硫酸锌溶液中铜、镉、钴的方法和操作。

【实验原理】

湿法炼锌中硫酸锌溶液的净化是指将中性硫酸锌浸出液中的有害杂质除去，以符合锌电解沉积要求的纯度。锌电解沉积用的中性浸出液是用酸性浸出液浸出锌焙砂得到的。一般酸性浸出液的铁、砷、锑、铜、镉和钴等含量都超过锌电解沉积所允许的含量，而其中的铁、砷、锑等含量已在中性浸出过程中降至基本合格，故净化阶段的主要任务是除去铜、镉、钴。

硫酸锌溶液的净化方法按净化原理分为加锌粉置换法和加特殊试剂净化法两类。净化后要求获得的净化液杂质含量如表 1-6-1 所示。

表 1-6-1　硫酸锌溶液净化后的溶液成分实例　g/L

工厂	Zn	Cu	Cd	Ni	Co	As	Sb	Fe
1	170	0.0001	0.0005	—	0.0002	0.00001	—	0.015
2	144	0.0001	0.0003	0.0002	0.0004	微量	微量	0.0002
3	170	0.0002	0.00028	0.00005	0.0002	微量	—	0.025

在工业生产上，置换沉淀法是硫酸锌溶液净化的主要方法，通常将不会给溶液带入新杂质的金属锌粉作为置换剂。但用锌粉作置换剂只能除去铜、镉，只有另外再添加活化剂，才能同时除去钴、镍。

置换沉淀的原理是，在金属盐水溶液中用活泼金属(标准电极电位较小)将较惰性的金属离子(标准电极电位较大)还原成金属而沉淀。在硫酸锌浸出液的金属离子成分中，Zn^{2+}的标准电极电位(−0.76 V)较待净化除去的杂质离子 Cu^{2+}(+0.34 V)、Cd^{2+}(−0.40 V)和 Co^{2+}(−0.27 V)更小，因此，可用金属锌粉将杂质从溶液中置换出来，具体反应如下：

$$Zn + Cu^{2+} = Zn^{2+} + Cu \tag{1}$$

$$Zn + Cd^{2+} = Zn^{2+} + Cd \tag{2}$$

$$Zn + Co^{2+} = Zn^{2+} + Co \tag{3}$$

被置换的铜、镉和钴等以海绵状态的沉淀物进入沉淀渣而被除去。

从电位序看，钴比镉更易于用锌粉置换除去，然而实际情况并非如此。人们早就发

现，用相当于理论量的锌粉可以容易地沉淀铜，用几倍于理论量的锌粉可以置换镉，但是需要大量的，而用几百倍于理论量的锌粉却难以除去钴。置换除钴遇到的问题比除镉更复杂，不采取特殊措施很难除钴。究其原因，目前尚无定论。

在生产上，加锌粉除钴所采用的不同于除铜、镉的措施是在加锌粉的同时添加活化剂和控制较高的操作温度。按照添加的不同种类的活化剂，锌粉置换除钴分为砷盐净化法、反向锑盐法和特殊试剂净化法。

1. 砷盐净化法

用砷盐（通常为砒霜 As_2O_3）作锌粉活化剂，先在较高温度（85～90℃）下除去铜、钴及部分镉，然后在不加热（冷却降温）的情况下（60～65℃）加锌粉除去残余的镉，即所谓先高温后低温净化法。

2. 反向锑盐法

先在较低温度（60～65℃）下添加锌粉除去铜、镉，然后在较高温度（85～90℃）下加锌粉和锑盐活化剂（Sb_2O_3或锑粉）除钴，即所谓先低温后高温净化法。

沉钴时，除了添加砷或锑的化合物，还需补加硫酸铜，使置换出来的钴能与锑、砷、铜和锌等生成金属间化合物沉淀，从而有效地除去钴，难以用锌粉置换除去的镍也可被除去。

反向锑盐法投入工业生产的年代较晚，但它克服了砷盐净化法操作中产生剧毒气体 AsH_3的危害，为目前工业上使用最多的除钴方法。由于该法温度控制程序与砷盐净化法相反，故称反向锑盐法。

3. 特殊试剂净化法

在砷盐净化法和反向锑盐法除钴应用于工业生产之前，湿法炼锌工厂广泛采用第一段用锌粉置换除铜、镉，第二段用特殊试剂（有机试剂）除钴的两段净液流程。根据添加的不同试剂，特殊试剂净化法分为黄药除钴和β-萘酚除钴两种方法。

① 黄药除钴法：在有硫酸铜存在的条件下，加黄原酸钾或黄原酸钠使溶液中的硫酸钴形成难溶的黄酸钴沉淀除去，可用如下反应式表示：

$$8C_2H_5OCS_2Na + 2CuSO_4 + 2CoSO_4 = Cu_2(C_2H_5OCS_2)_2\downarrow + 2Co(C_2H_5OCS_2)_3\downarrow + 4Na_2SO_4 \tag{4}$$

由上式可知，钴是以 Co^{3+} 与黄药作用而产生黄酸钴沉淀的。其中硫酸铜起了使 Co^{2+} 氧化为 Co^{3+} 的作用。

黄药也能与其他金属如铜、镉作用，所以为了减少黄药的消耗，应该在加锌粉除去铜、镉杂质后，再加黄药除钴。该法净化后溶液中钴的质量浓度为 1～2 mg/L，仍达不到锌电解沉积的深度净化要求，且黄药会分解或蒸发产生臭味，恶化劳动条件，钴渣也难处理，因此用黄药除钴的工厂越来越少。

② β-萘酚除钴法：该方法的原理是，净化液中的钴和β-萘酚反应生成α-亚硝基-β-萘酚钴沉淀而被除去。

$$13C_{10}H_8O+13NaNO_2+4Co^{2+}+5H^+ = 4Co(C_{10}H_6ONO)_3\downarrow + C_{10}H_4NH_2OH+13Na^++14H_2O \quad (5)$$

除钴时，先向净化液中加入碱性β-萘酚，然后加入 NaOH 和 HNO_2（亚硝酸），再加锌电解槽的废电解液使溶液中硫酸的质量浓度达 0.5 g/L 左右，搅拌 1 h，过滤分离出钴渣。该法虽然能获得质量较高的净液，但试剂昂贵，还需用活性炭来吸附残余试剂，以消除试剂对锌电解沉积的不良影响，故采用此法的工厂也很少。

【实验仪器及试剂】

恒温水浴锅，电动搅拌器，烧杯，含铜、钴的硫酸锌溶液（Zn^{2+}：50 g/L，Cu^{2+}：5 g/L，Co^{2+}：5 g/L）。

【实验步骤】

取 100 mL 含铜、钴的硫酸锌溶液（Zn^{2+}：50 g/L，Cu^{2+}：5 g/L，Co^{2+}：5 g/L）加入 500 mL 三口烧瓶中，将三口烧瓶放入恒温水浴锅中，并固定，搅拌，调好转速，调节温度在 60～65℃下，添加相当于理论量的锌粉，搅拌 30 min 除去铜。在 85～90℃下加锌粉和锑盐活化剂（Sb_2O_3或锑粉）搅拌 30 min 除钴。沉钴时，除了添加砷或锑的化合物，还需补加硫酸铜，使置换出来的钴能与锑、砷、铜和锌等生成金属间化合物沉淀，从而有效地除去钴，难以用锌粉置换除去的镍也可被除去。

取样分析 Zn^{2+}，Cu^{2+}，Co^{2+} 含量。

【数据记录】

将 Zn^{2+}，Cu^{2+}，Co^{2+}，Cd^{2+} 等在不同步骤的质量浓度填入表 1-6-2 中。

表 1-6-2　实验数据记录表　　g/L

步骤	Zn^{2+}	Cu^{2+}	Co^{2+}	Cd^{2+}
置换除杂前				
60～65℃理论量锌粉搅拌 30 min				
85～90℃加锌粉和锑盐活化剂搅拌 30 min				

【报告编写】

（1）实验基本原理。

（2）实验方法与步骤。

（3）实验数据处理和结果。

（4）结果的分析讨论。

【思考题】

除去钴时锌粉的用量、Sb_2O_3的用量各为多少？除钴、铜的先后顺序是否可换？

【参考文献】

梅光贵，王德润，周敬元，等. 湿法炼锌学[M]. 长沙：中南大学出版社，2001.

【附　录】

一、铜试剂光度法测定铜

➢原理

在弱酸性或氨性溶液中Cu^{2+}与铜试剂生成黄棕色络合物，用三氯甲烷或四氯化碳萃取后测定其吸光度。

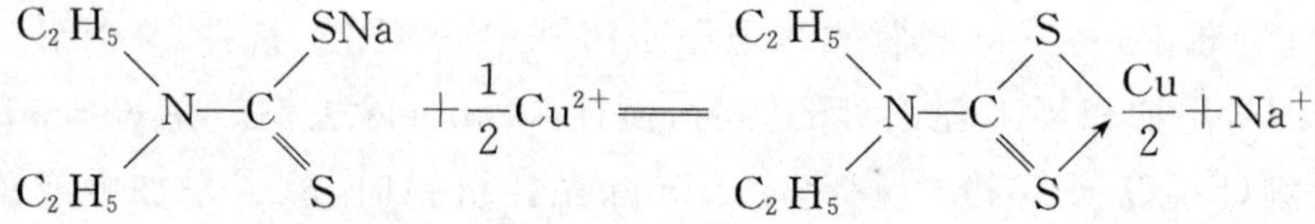

铁(Ⅲ)在酸性或中性溶液中与铜试剂生成沉淀，溶于三氯甲烷呈棕色，但在含有柠檬酸盐的氨性溶液中并不反应。钴、镍分别与铜试剂生成沉淀，溶于三氯甲烷呈绿色和黄绿色且干扰测定，可加 EDTA 掩蔽以消除干扰。铋与铜试剂生成沉淀，溶于三氯甲烷呈黄色且干扰测定，应分离除去。本法适合矿石中含 0.001%～0.5%铜的测定。

➢试剂和仪器

试剂：铜标准溶液、柠檬酸铵、EDTA、甲酚红、氨水、铜试剂、三氯甲烷、无水硫酸钠、二次蒸馏水。

仪器：分析天平、紫外可见分光光度计、振荡器、分液漏斗架、125 mL 分液漏斗、50 mL 量筒、10 mL 移液管、25 mL 比色管、精密 pH 试纸、1 cm 比色皿。

➢试剂配制

(1) 甲酚红指示剂 1 g/L：称取 0.1 g 甲酚红溶于 30 mL 乙醇中，用水稀释至 100 mL。

(2) 柠檬酸铵-EDTA 混合溶液：称取 100 g 柠檬酸铵和 25 g EDTA－2Na(乙二胺四乙酸二钠)于 500 mL 水中，加热溶解。加 2 滴 1 g/L 甲酚红指示剂，用氨水(1＋1)调至溶液恰好变红色，加入 1 g/L 铜试剂溶液，用三氯甲烷连续萃取至有机相无色为止(残存的有机溶剂可煮沸除去)。

(3) 铜标准液 B：用铜标准溶液稀释成 2 μg/mL。

➢分析步骤

(1) 工作曲线的绘制：分别移取 0，1.0，2.0，3.0，4.0，5.0 mL 铜标准液 B(2 μg/mL)，分别置于一组 125 mL 分液漏斗中，用水稀释至 40 mL。加 10 mL 柠檬酸铵-EDTA 混合溶液，加2滴1 g/L甲酚红指示剂，滴加氨水(1+1)至溶液恰好变红色(pH≈8.5)，加5 mL 1 g/L铜试剂溶液，摇匀，准确加入10 mL三氯甲烷，振荡1 min，静置分层后，有机相放入干燥的25 mL比色管中，再加入5 mL三氯甲烷萃取一次，有机相合并，加0.5～1.0 g无水硫酸钠于比色管中，摇匀。用1 cm比色皿，于435 nm波长处测定其吸光度。

(2) 待测液的准备：取待测液40 mL加入125 mL分液漏斗中，加10 mL柠檬酸铵-EDTA混合溶液，加2滴1 g/L甲酚红指示剂，滴加氨水(1+1)至溶液恰好变红色(pH≈8.5)，加5 mL 1 g/L铜试剂溶液，摇匀，准确加入10 mL三氯甲烷，振荡1 min，静置分层后，有机相放入干燥的25 mL比色管中，再加入5 mL三氯甲烷萃取一次，有机相合并，加0.5～1.0 g无水硫酸钠于比色管中，摇匀。用1 cm比色皿，于435 nm波长处测定其吸光度，并进行空白试验。

➢计算

计算试样中的铜含量。

➢注意事项

(1) 调pH值时，氨水切勿过量，最终以稀氨水调至溶液恰好变红色即可。若pH值大于9，则萃取率降低。

(2) EDTA加入量应是铁、锰、镍和钴总量的10倍，钨、钼等高价元素含量高时，应适当增加柠檬酸铵的加入量。对铬矿试样，需要增大铜试剂的加入量。

(3) 当试样含铋量较高时，可在氯化铵存在的情况下用氨水沉淀分离；若铋小于1 mg时，可用4 mol/L HCl溶液洗涤有机相以除铋，洗涤后分出的水相再加2 mL三氯甲烷，振荡1 min，有机相合并。

二、亚硝基-R盐光度法测定钴

➢原理

在乙酸盐缓冲溶液(pH=5.5～7)中，钴与亚硝基-R盐生成可溶性红色络合物，在415～425 nm处有较大的吸收。但是，在此波长范围内，亚硝基-R盐本身亦有显著吸收，为了避免过剩试剂的影响，光度测定应在500～530 nm波长处进行、铬(Ⅲ)低于0.5 mg、铬(Ⅵ)低于1 mg不干扰测定，铁(Ⅲ)超过10 mg会使测定结果偏高。二氧化钛超过15 mg，使显色液呈混浊状。本法适合矿石中含0.001%～1%钴的测定。

➢试剂和仪器

试剂：钴标准溶液、乙酸、乙酸钠、亚硝基-R盐、柠檬酸钠、酚酞、氨水、硫酸。

仪器：分析天平、紫外可见分光光度计、100 mL容量瓶、10 mL移液管、3 cm比色皿。

➢试剂配制

(1) 乙酸-乙酸钠缓冲液：称取200 g结晶乙酸钠，溶于1 L水中，加5 mL冰乙酸，摇匀，此溶液pH=5.5。

(2) 亚硝基-R 盐溶液:2 g/L,过滤后使用。

(3) 钴标准液 A:用钴标准溶液稀释成 1 μg/mL。

(4) 钴标准液 B:用钴标准溶液稀释成 5 μg/mL。

➢**分析步骤**

(1) 工作曲线的绘制:分别移取钴标准液 A 0,1,5,10,15,20,25 mL 和钴标准液 B 6,7,8 mL 分别置于 100 mL 容量瓶中,加 10 mL 250 g/L 柠檬酸钠溶液、1 滴 5 g/L 酚酞指示剂,用氨水(1+1)中和至溶液出现紫红色,再用硫酸(1+10)调至紫红色恰好消失,并过量 1 滴。加 10 mL 乙酸-乙酸钠缓冲溶液,摇匀,加 10 mL 亚硝基-R 盐溶液,摇匀,静置 5 min,加 10 mL 6 mol/L 硫酸溶液,摇匀,放置 10 min,用水定容,用 3 cm 比色皿,以标准空白溶液作参比,在 530 nm 波长处测定其吸光度。

(2) 待测液的准备:称取 0.2000～0.5000 g 试样于 250 mL 烧杯中,加入 15 mL 盐酸,加热溶解数分钟,再加入 10 mL 硝酸(若硅酸盐含量较高时应加 2 g 左右氟化铵),继续加热分解,加入 5 mL 浓硫酸,加热蒸发至冒大量三氧化硫浓烟,取下冷却,用水吹洗表面皿及烧杯壁,加入 50 mL 水,煮沸溶解盐类,过滤于 100 mL 容量瓶中,以硫酸化的热水洗净烧杯及滤纸,以水定容即为待测液。取 40 mL 待测液置于 100 mL 容量瓶中,加 10 mL 250 g/L 柠檬酸钠溶液、1 滴 5 g/L 酚酞指示剂,用氨水(1+1)中和至溶液出现紫红色,再用硫酸(1+10)调至紫红色恰好消失,并过量 1 滴。加 10 mL 乙酸-乙酸钠缓冲溶液,摇匀,加 10 mL 亚硝基-R 盐溶液,摇匀,静置 5 min,加 10 mL 6 mol/L 硫酸溶液,摇匀,放置10 min,用水定容,用 3 cm 比色皿,以标准空白溶液作参比,在 530 nm 波长处测定其吸光度。

➢**计算**

计算试样中的钴含量。

➢**注意事项**

(1) 当试样中含铜量高时,可在 2%(*V*/*V*)硫酸下,加 10 mL 100 g/L 硫代硫酸钠,放在电炉上加热煮沸形成海绵状铜,使溶液清亮,冷却,加水定容至 100 mL。移取部分溶液于 200 mL 烧杯中,煮沸后,滴加过氧化氢溶液至溶液透明为止,继续加热蒸干以破坏剩余的过氧化氢,加入约 30 mL 水,加热溶解盐类,用氨水(1+1)中和至生成氢氧化物沉淀,再滴加盐酸(1+1)至沉淀刚好溶解,加水至 50 mL。以下步骤与相应分析步骤一致。

(2) 显色溶液放置 24 h,其吸光度仍无变化。

实验 1-7　溶剂萃取法分离富集硫酸铜

【实验目的】

(1) 掌握溶剂萃取的原理。

(2) 熟悉用溶剂萃取法分离富集硫酸铜的步骤。

【实验原理】

用溶剂萃取法从铜的浸出液中分离富集硫酸铜的过程由以下步骤组成：

1. 萃取

将铜的浸出液与萃取剂在搅拌(或振荡)下充分混合，浸出液中的铜离子从水相转移到有机相中，两相澄清分离后，用分液漏斗将有机相与水相分开。

2. 洗涤

用某种水溶液(水)与萃取液充分接触，使进入有机相的杂质回到水相，两相澄清分离后，用分液漏斗将有机相与水相分开。

3. 反萃

用适当的水溶液与经过洗涤后的萃取液充分接触，使被萃取的物质重新由有机相转入水相，从而使浸出液中的有价元素与杂质分离。

以羟肟类化合物为铜萃取剂时，萃取剂从 Cu^{2+} 的两边与其形成化学键，故其机理为螯合萃取。用羟肟类萃取剂萃取铜离子时的反应可以表示为

$$2R-H(org)+Cu^{2+}(aq)\rightleftharpoons R_2Cu(org)+2H^+(aq)$$

反应式中：R 表示萃取剂；org 表示在有机相中；aq 表示在水相中。反应从左向右进行是萃取过程，由右向左进行则是反萃过程。由反应式可看出，在 Cu^{2+} 被萃取时，会有两个 H^+ 同时被释放出，即每萃取 1 g 的铜，便有约 1.5 g 的硫酸产出。在非严格的情况下，以浓度代替活度，由上述反应的平衡常数式得到：

$$\frac{C_{R_2Cu}}{C_{Cu^{2+}}}=k\ \frac{C_{RH}^2}{C_{H^+}^2} \tag{1}$$

式(1)表明，水相中酸浓度(C_{H^+})越低，有机相中 R_2Cu 的平衡浓度越大。这是从低浓度酸溶液中将铜萃取入有机相的依据；反之，水相中酸浓度越高，有机相中 R_2Cu 的平衡浓度越小，这是用高浓度酸溶液(废电解液)反萃有机相中铜的依据。从式(1)还可看出，水相中的 Cu^{2+} 浓度随 H^+ 浓度的增加而增加，因此，高浓度酸(废电解液)反萃液中的 Cu^{2+} 浓度要比低浓度酸浸出液中的 Cu^{2+} 浓度高得多，亦即萃取的富集程度很高。

式(1)的左边描述了萃取反应平衡时铜离子在有机相与水相中的分配关系，被称为分配比。两相平衡时铜离子的分配关系曲线可通过实验绘出。

选择萃取剂时应该考虑以下几个方面：萃取剂的选择性好；萃取容量高；反萃容易；与水的密度差大，黏度小，表面张力大，以易于与水分离；化学稳定性好，在萃取与反萃过程中不发生降解；不与水相生成稳定的乳化物；萃取剂及其金属萃合物在稀释剂中的溶解性好，混合时有良好的聚结性；萃取平衡速度快；使用与储存安全，无毒或毒性很小，不易燃，不挥发；价格在可接受的范围内。

从硫酸介质中萃取铜的工业萃取剂一般为羟肟类萃取剂，目前使用的有醛肟和酮肟两种类型。

萃取剂的性能常用转移比和排斥比来衡量，其定义如下：

$$\text{转移比}=\frac{\text{负载有机相中 Cu 的质量}-\text{反萃有机相中 Cu 的质量}}{\text{负载有机相中 Fe 的质量}-\text{反萃有机相中 Fe 的质量}}$$

$$\text{排斥比}=\frac{\text{负载有机相中 Cu 的质量}}{\text{负载有机相中 Fe 的质量}}$$

萃取剂的转移比和排斥比反映萃取剂的选择性。

为了提高萃取剂的性能，可在萃取剂中加改质剂。如 M5640 为改质醛肟，萃铜时，其转移比大于 6000，排斥比大于 4000；又如 M5774 是用酯作改质剂的醛肟，萃铜时，其对 Zn，Sb，Sn，Pb，Se，Te，Bi，Ni 的转移比均大于 40000，对 Pe 的转移比为 4480，对 As 的转移比为 8549。

萃取剂很少单独使用，通常需用一种价廉的有机溶剂进行稀释，以改善萃取剂的黏度、密度等。稀释剂被称为萃取工艺的三要素(萃取剂、稀释剂和设备)之一。稀释剂在有机相中一般占 80%以上。稀释剂的极性、介电常数和组成等都对萃取剂的负载能力、动力学性能、选择性等有影响。最常用的稀释剂是煤油，如 260 号煤油。

萃取后可以得到 Cu^{2+} 质量浓度为 40～50 g/L 的铜溶液，杂质浓度低，可以直接用于电解沉积铜。

【实验仪器及试剂】

1. 实验仪器

恒温水浴振荡器、分液漏斗、滴定管、移液管、锥形瓶、分液漏斗架、量筒、烧杯、滤纸。

2. 实验试剂

萃取剂：Lix64N：[Lix65N+1%(*V*/*V*)Lix63]；

Lix65N：2-羟基-5-壬基二苯甲酮肟；

Lix63：5，8-二乙基-7-羟基十二烷-6-肟；

P50：5-壬基-水杨醛肟。

改质剂：壬基酚、十三醇。

稀释剂：260 号煤油。

浸出液：硫酸铜溶液（含 Cu^{2+} 4 g/L 及 Fe^{2+} 3 g/L）。

2 mol/L 硫酸溶液。

【实验步骤】

(1) 用量筒准确量取 50 mL 15% Lix64N 的 260 号煤油萃取剂和 50 mL 新鲜的浸出液（含 Cu^{2+} 4 g/L 及 Fe^{2+} 3 g/L），然后倒入同一个 250 mL 的分液漏斗中，盖好塞子，关好阀门。

(2) 将分液漏斗固定在恒温水浴振荡器上，开启振荡器进行振荡，5 min 后停止并取出。

(3) 将分液漏斗静置 2 min，分层，放出萃余液，并从中取样以分析铜和铁。

(4) 向已经萃取了铜的萃取液中加入蒸馏水 50 mL，重复(2)、(3)两个步骤。

(5) 向经洗涤的有机相中加入 50 mL 2 mol/L 硫酸溶液，将分液漏斗固定在恒温水浴振荡器上，开启振荡器进行振荡，5 min 后停止并取出。

(6) 将分液漏斗静置 2 min，分层，放出萃余液，并从中取样以分析铜和铁。

(7) 待实验完毕，将所有萃取液倒入同一容器，待统一处理后再使用。

(8) 根据分析所得的结果，利用差减法原理，可求出反萃液中铜、铁的质量浓度，并计算分配系数。

(9) 清理实验场地，经指导人员检查同意后方可离开。

【数据记录】

将实验数据填入表 1-7-1 中。

表 1-7-1 实验数据记录表 g/L

原料液		萃取液		萃余液		反萃液	
Cu	Fe	Cu	Fe	Cu	Fe	Cu	Fe

【数据处理与报告编写】

1. 数据处理

(1) $E(\%)=\dfrac{\text{有机相中被萃物的量}}{\text{两相中被萃物的总量}}\times100\%$

(2) $\beta=\dfrac{D_{Cu}}{D_{Fe}}$

2. 报告编写

(1) 实验基本原理。

(2) 实验方法与步骤。

(3) 实验数据处理和结果。

(4) 结果的分析讨论。

【参考文献】

[1] 李洪桂. 湿法冶金学[M]. 长沙:中南大学出版社,2002.

[2] 彭容秋. 重金属冶金学[M]. 长沙:中南大学出版社,2002.

[3] 彭容秋. 铜冶金[M]. 长沙:中南大学出版社,2005.

实验 1-8　N_{235}萃取分离镍和钴

【实验目的】

(1) 掌握用 N_{235} 萃取剂从氯化物介质中分离镍和钴的基本原理和技术条件，以及 N_{235} 萃取剂的性能及组成。

(2) 加深对溶剂萃取基本概念的理解，如相与相比、萃取体系、分配定律与分配比、萃取比与萃取因素、饱和容量与操作容量、分离系数、反萃与协萃等。

(3) 掌握在实验室内进行溶剂萃取的基本操作。

【实验原理】

镍、钴是重要的常用有色金属，由于两者性质相近，因而长期以来对二者的提取和分离是一项重要的研究课题。

由于萃取剂及萃取技术的迅速发展，20 世纪 60 年代末起广泛应用叔胺类萃取剂 Alamine 336(相当于国内的 N_{235})从氯化物介质中提取与分离镍和钴。20 世纪 70 年代以来，国内外广泛应用烷基磷酸 D_2EHPA(类似于国内的 P_{204})和烷基磷酸 PC-88A(类似于国内的 P_{507})从硫酸盐介质中提取与分离镍和钴。叔胺用于镍和钴分离的技术较为成熟。我国的镍、钴工业生产高纯镍、高纯钴时常用 N_{235} 萃取剂分离和提纯镍和钴。

N_{235}萃取剂系烷基为 $C_8 \sim C_{10}$ 的三烷基胺，是多种叔胺的混合物，它的通式大致为 $(C_{8\sim10}H_{17\sim21})_3N$。其性能与组成相当于国外产品 Alamine 336，它们的工业产品为淡黄色油状液，见光变成黄色，其物理性质如表 1-8-1 所示。

表 1-8-1　N_{235}萃取剂与 Alamine 336 的物理性质对比

物理性质	N_{235}	Alamine 336
平均分子量	387	392
比重 d_4^{20}	0.816	0.810
黏度 η^{25}/(Pa·s)	10.4×10^{-3}	1.04×10^{-3}(30℃)
表面张力/(N·cm^{-1})(25℃)	2.82×10^{-4}	5.30×10^{-4}
折光率 n_D^{20}	1.4525	1.4499
闪点/℃	189	188
燃点/℃	226	210
在水中溶解度/(g·L^{-1})	<0.01	<0.01
凝固点/℃	<64	<64

N_{235}萃取剂和 Alamine 336 的工业产品纯度一般都在 95%以上，在萃取过程中易产生第三相。因此，稀释剂最好选用含芳烃较多的碳氢化合物。用煤油作稀释剂时，应加入磷酸三丁酯(TBP)或二甲苯以抑制第三相的形成。

用 N_{235}萃取剂从氯化物介质中萃取分离镍和钴的基本原理是，钴在氯化物介质中易形成$[CoCl_4]^{2-}$络阴离子，能被胺类萃取剂萃取；而镍则不能形成这种络阴离子，即使氯离子浓度达到 12 mol/L 亦不形成，故镍不能被胺类萃取剂萃取而仍留在水溶液中，从而实现镍与钴的分离。

溶于有机相中的铵盐能与水溶液中的络阴离子发生交换反应。从盐酸溶液中萃取钴的过程可用下式表示：

$$R_3N + HCl = R_3\overset{+}{N}HCl^- \quad (1)$$

$$CoCl_2 + 2HCl = H_2CoCl_4 \quad (2)$$

$$2R_3\overset{+}{N}HCl^- + H_2CoCl_4 = (R_3NH)_2CoCl_4 + 2HCl \quad (3)$$

用水反萃钴的反应为

$$(R_3NH)_2CoCl_4 + 2H_2O = 2R_3NHOH + CoCl_2 + 2HCl \quad (4)$$

式中：R—代表烷基($C_{8\sim10}H_{17\sim21}$)。

用含 25%N_{235}的二甲苯溶液从盐酸溶液中萃取镍和钴的曲线如图 1-8-1 所示。

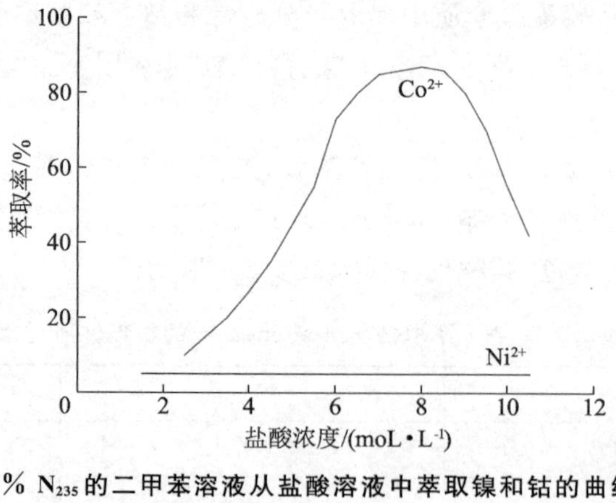

图 1-8-1　用含 25% N_{235}的二甲苯溶液从盐酸溶液中萃取镍和钴的曲线(O/A=1，室温)

由图 1-8-1 可以看出，提高盐酸溶液的浓度，可以提高钴的萃取率，但浓度太高反而使萃取率下降，这可能是因为盐酸优先被萃取。添加 $CaCl_2$ 等氯化物虽可提高溶液中 Cl^- 浓度，但萃余液 $NiCl_2$ 中带入了很多 Ca^{2+} 而不能使 $NiCl_2$ 液直接返回镍系统中，同时还有可能造成 $CaSO_4$ 结晶堵塞管道。某厂用浸出液浓缩的方法提高 Cl^- 浓度，Cl^- 的质量浓度可达 300 g/L 以上。

随着溶液中 Cl^- 浓度的增加，钴氯络合物的形成关系为

$[Co(H_2O)_6]^{2+}$(红色)→$[CoCl(H_2O)_5]^+$(红色)→$[CoCl_2(H_2O)_2]^+$(蓝色)→$[CoCl_3(H_2O)]^-$(蓝色)→$[CoCl_4]^{2-}$(蓝色)

在生产中，某些易萃的金属如 Fe^{3+}，Zn^{2+} 等，很难反萃彻底。随着有机相使用时间的延长，这些金属有一定的积累，此时，可用 NaOH 溶液反复洗涤有机相，使铵盐分解而析出游离胺。

【实验仪器及试料、试剂】

1. 实验仪器

康氏电动振荡机（243 次/分）、250 mL 分液漏斗、移液管、量筒。

2. 实验试料、试剂

试料液的成分一般可在下列范围内配制：Ni^{2+} 15～20 g/L；Co^{2+} 1～3 g/L；Cl^{-}＞250 g/L。

萃取剂用含 25% N_{235} 的二甲苯溶液（可用 200 号溶剂油或磺化煤油）。改质剂用磷酸三丁酯（TBP）。

【实验步骤】

(1) 设定萃取技术条件：萃取温度、平衡时间、澄清分离时间、相比、萃取级数。

(2) 按所拟订的相比，确定 N_{235} 有机相及含镍钴氯化物溶液的体积并转入 1 号分液漏斗中。

(3) 按错流萃取操作程序及所确定技术条件进行三级错流萃取，如图 1-8-2 所示。

(4) 要使盛在分液漏斗中的两相充分接触，可在康氏电动振荡机上按所定的时间进行振荡直到平衡。

(5) 两相平衡后，按所定澄清分离时间静置，澄清分离，待两相澄清后，把有机相与水相分开，有机相待反萃后进行化学分析，水相按错流作业进行操作。

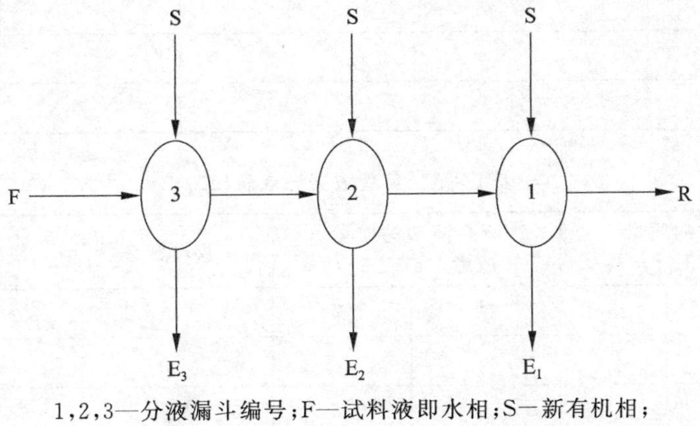

1,2,3—分液漏斗编号；F—试料液即水相；S—新有机相；

E_1，E_2，E_3—负载有机相；R—萃余液

图 1-8-2　三级错流萃取示意图

(6) 对 E_1，E_2，E_3 三个有机相用水分别进行反萃作业，对反萃液进行化学分析，测定镍、钴的含量。

(7) 对萃余液进行化学分析，测定镍、钴的含量。

(8) 分析方法可由指导教师根据实际条件确定。

【注意事项】

(1) 实验室若无振荡机，两相接触可通过人工手摇完成。

(2) 若出现第三相可加 TBP 改质剂。

(3) 分析条件不够时，可只分析萃余液中的镍、钴含量。分析方法可用 EDTA 滴定法、亚硝基-R 盐光度法或原子吸收分光光度法。

【数据记录】

萃取技术条件：温度(℃)____________；溶液 pH 值____________；平衡时间(min)____________；澄清分离时间(min)____________；相比 O/A ____________；萃取级数____________级；萃取操作方式____________；有机相浓度____________；溶剂____________；改质剂____________；反萃液体积____________；反萃液含钴总量(g)____________。

将三级错流萃取过程的实验数据填入表 1-8-2 和表 1-8-3 中。

表 1-8-2　实验数据记录表(一)

时间/min	水相体积/mL	有机相体积/mL	水相中的原质量浓度/(g·L^{-1})	
			钴	镍

表 1-8-3　实验数据记录表(二)

反萃液中钴的质量浓度/(g·L^{-1})			萃余液中的质量浓度/(g·L^{-1})		反萃液体积/mL			反萃液含钴总量/g
1	2	3	钴	镍	1	2	3	

【数据处理与报告编写】

1. 数据处理

(1) 计算钴的萃取率：萃取率是指在萃取过程中金属被萃取到有机相中的质量占原始料液中该金属的质量的百分数。钴的萃取率可用下式表示：

$$\text{钴的萃取率}=\frac{\text{被萃取到有机相中的钴的质量(g)}}{\text{原始料液中钴的质量(g)}}\times 100\%$$

(2) 计算镍、钴的分离系数：分离系数是指两种金属分离的难易程度，用 β 来表示。分离系数是指同一萃取体系内两种金属在同样的萃取条件下分配比的比值，即

$$\beta=\frac{D_A}{D_B}=\frac{\dfrac{\text{金属}A\text{在有机相中的平衡浓度}}{\text{金属}A\text{在水相中的平衡浓度}}}{\dfrac{\text{金属}B\text{在有机相中的平衡浓度}}{\text{金属}B\text{在水相中的平衡浓度}}}$$

β 值越大或越小，说明两种金属越容易分离；$\beta=1$，表明两种金属不能分离。

当萃取剂浓度、组成、水相成分、相比及温度等改变时，β 值就会发生变化。如果化学分析数据充分，则试计算镍和钴的分离系数。

2. 报告编写

实验报告内容应包括实验名称、日期、目的，基本原理，萃取技术条件，数据记录，数据处理，对实验结果的分析讨论。

【思考题】

(1) 当含镍、钴氯化物水溶液含有 Fe^{3+}，Cu^{2+}，Zn^{2+} 时，萃取行为如何？如何处理？

(2) 什么叫萃取等温线？如何绘制？

【参考文献】

[1] 李洪桂. 湿法冶金学[M]. 长沙：中南大学出版社，2002.

[2] 杨佼庸，刘大星. 萃取[M]. 北京：冶金工业出版社，1988.

[3] 王开毅，成本诚，舒万银. 溶剂萃取化学[M]. 长沙：中南工业大学出版社，1991.

【附　录】

丁二酮肟重量法测定镍

➢原理

试样用硝酸-氯酸钾分解，在氨性介质中，镍与丁二酮肟生成红色丁二酮肟镍沉淀而与其他元素分离，过滤，烘干至恒量以计算镍含量。被测溶液中含 30 mg 铜、10 mg

铁、2 mg 钴不干扰测定。

本法适用于镍精矿中含 45%～70%镍的测定。

➢**分析步骤**

称取 0.4000 g 试样于 400 mL 烧杯中，加入少量水润湿，加入 10 mL 盐酸，微热溶解并蒸发至干，冷却，加入 20 mL 硝酸-氯酸钾饱和溶液，加热并蒸发至 2～3 mL，冷却，加水煮沸使盐类溶解，冷却，移入 200 mL 容量瓶中，用水定容。移取 50.00 mL 溶液置于 400 mL 烧杯中，加入 20 mL 200 g/L 酒石酸钾溶液、150 mL 沸水和 20 mL 200 g/L 乙酸铵溶液，在不断搅拌下加入 40 mL 200 g/L 硫代硫酸钠溶液，放置片刻，在不断搅拌下加入 30～40 mL 10 g/L 丁二酮肟乙醇溶液，用氨水调至 pH＝7～8，置于 50℃恒温水浴上保温 20 min。

将预先称至恒量（清洁并干燥）的耐酸过滤坩埚置于吸滤瓶上，减压过滤，用温水洗净烧杯，并洗涤沉淀 10 次，将连同沉淀的耐酸过滤坩埚置于恒温干燥箱中，于 130℃烘干 1 h 后取出，置于干燥器中冷却至室温，称量，并反复烘干至恒量。

计算镍的萃取率：

$$\mathrm{Ni}(\%)=\frac{(m_2-m_1)\times 0.2032}{m\times \frac{V_1}{V_0}}\times 100\%$$

式中：m_2—空坩埚加沉淀的质量，g；

m_1—空坩埚的质量，g；

m—称取试样的质量，g；

V_0—试液的总体积，mL；

V_1—分取试液的体积，mL；

0.2032—丁二酮肟镍换算成镍的系数。

➢**注意事项**

(1) 10 g/L 丁二酮肟乙醇溶液的加入量应按每 10 mg 镍加入 6～7 mL 乙醇。为避免丁二酮肟镍沉淀溶于乙醇中，丁二酮肟溶液的加入量不应超过溶液体积的 1/4。

(2) 加入沉淀剂和沉淀保温时，温度须保持在 50 ℃。

实验 1-9　用强碱性阴离子交换树脂分离铜和钴

【实验目的】

(1) 掌握离子交换法分离金属离子的原理。

(2) 掌握离子交换技术的实验方法。

【实验原理】

在盐酸溶液中，Cu^{+} 能与氯形成络合阴离子 $[CuCl_2]^-$，并被阴离子交换树脂选择性吸附，钴要在 8.5～9.0 mol/L 的盐酸中才能形成大量的 $[CoCl_4]^{2-}$ 络合阴离子，因此，控制盐酸浓度在 7 mol/L 以下，利用阴离子交换树脂可以将铜、钴分离，而要使铜变为能被阴离子交换树脂吸附的络合阴离子，必须将 Cu^{2+} 还原成 Cu^{+}。

$$2CuCl_2 + Na_2SO_3 + H_2O \longrightarrow 2CuCl + 2HCl + Na_2SO_4$$

【实验仪器及试剂】

1. 实验仪器

Φ26 mm×350 mm 离子交换柱、2.5 L 储液下口瓶（4 个）、烧杯、滴瓶、电动搅拌器。

2. 实验试剂

717 型强碱性阴离子交换树脂及 $CoCl_2$，$CuCl_2$，Na_2SO_3，$NaClO_3$，Na_2CO_3 固体。

【实验内容】

1. 树脂穿漏容量的测定

将 185 mL 湿树脂装入交换柱中，料液以 5 cm/min 的线速度通过树脂层，交后液以 100 mL/min 速度接收，分析交后液中 Cu^{2+} 的质量浓度，然后以交后液体积为横坐标、以相应每份体积中 Cu^{2+} 的质量浓度为纵坐标绘图。

2. 铜的淋洗曲线的测绘

将已吸附 $[CuCl_2]^-$ 的交换柱与淋洗剂储瓶串联，淋洗剂（1 mol/L HCl +10 g/L $NaClO_3$）以 2 cm/min 的线速度进行淋洗，按每份 100 mL，分别接取淋出液，然后以淋出液体积为横坐标、以相应淋出液体积的 Cu^{2+} 质量浓度为纵坐标绘制淋洗曲线。

【实验装置】

实验装置如图 1-9-1 所示。

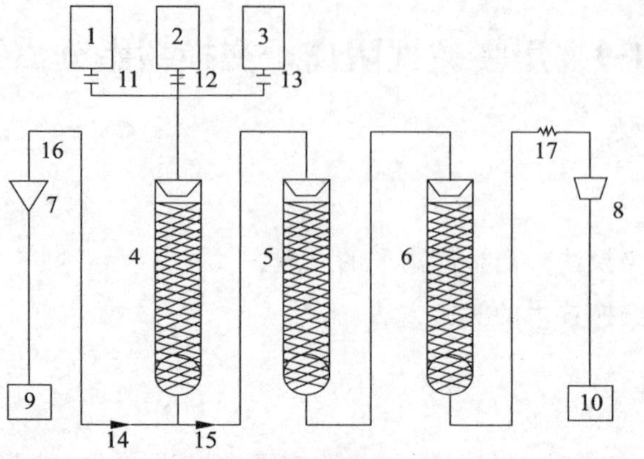

1 至 3—高位槽;4 至 6—离子交换柱;7 至 17—阀门

图 1-9-1　717 型强碱性阴离子交换树脂分离铜和钴的装置示意图

【实验步骤】

1. 料液配制

按钴离子 0.1 g/L 和铜离子 0.05 g/L 称取所需的 $CoCl_2$ 和 $CuCl_2$，用 HCl(1＋1)调 pH 至 1.5 左右，加 4～6 g/L Na_2SO_3 搅拌还原 0.5～1 h，使 Cu^{2+} 全部还原成 Cu^{+}，再加 Na_2CO_3 中和调 pH 至 3～3.5。

2. 淋洗液配制

1 mol/L HCl 和 10 g/L $NaClO_3$ 等体积混合。

3. 转型剂配制

1～2 mol/L HCl 和 10 g/L NaCl 等体积混合。

4. 树脂处理

树脂用水浸泡，使其充分溶胀，再用 5%NaOH 及 5%HCl 浸泡处理，然后用纯水洗至中性，带水装入交换柱中。

5. 吸附

开阀 9、调节阀 12，用纯水控制流速为 5 cm/min(流出液 26 mL/min)。关阀 9、开阀 8，使料液与交换柱连接，交后液以每份 100 mL 分别接收。加氨水检查，观察是否有蓝色沉淀。当流出液出现蓝色沉淀，停止进液，关阀 8。

6. 水洗

开阀 9，用纯水洗去树脂层未被吸附的铜、钴，至流出液用氨水检查无铜为止。

7. 淋洗

调节阀 12，用纯水控制流速为 2 cm/min(流出液 11 mL/min)。关阀 9、开阀 10，进行淋洗，淋出液按每份 100 mL 分别接收，进行铜、钴含量分析，淋洗至淋出液用氨水检查无铜为止。关阀 10、开阀 9，调节流速为 5 cm/min，水洗至 pH＝3 左右。

8. 转型

关阀 9、开阀 11，使树脂完全转成氨型，最后水洗至 pH=3 左右，备用。

【数据记录】

1. 吸附过程

交换柱直径(cm)__________；树脂层高度(cm)__________；湿树脂体积(mL)__________；料液中 Co(g/L)__________，Cu(g/L)__________；料液 pH__________；开始穿漏时交后液总体积(mL)__________；料液流速(mL/min)__________。

2. 淋洗过程

淋洗液中 HCl(mol/L)__________，$NaClO_3$(g/L)__________；淋洗液 pH__________；淋洗液流速 mL/min(cm/min)__________。

将各组淋出液中测出的铜、钴离子的质量浓度填入表 1-9-1 中。

表 1-9-1　实验数据记录表　　g/L

淋出液单位体积(100 mL)	1	2	3	4	5	6
淋出液中铜离子的质量浓度						
淋出液中钴离子的质量浓度						

【数据处理与报告编写】

1. 数据处理

(1) 计算湿树脂穿漏容量(只计算铜的)。

(2) 计算交后液中钴离子的质量浓度和直收率，以及淋出液中铜离子的质量浓度和直收率。

2. 报告编写

(1) 分离金属铜、钴离子的原理。

(2) 作淋洗曲线。

(3) 实验结果讨论。

【参考文献】

李洪桂. 湿法冶金学[M]. 长沙：中南大学出版社，2002.

实验 1-10　硫酸锌水溶液的电沉积

【实验目的】

(1) 掌握电沉积的原理。

(2) 了解与电沉积有关的仪器操作。

(3) 掌握槽电压、电流密度、电流效率、电能消耗及阴极电极电位的测试方法。

【实验原理】

锌电积一般用 Pb－Ag (1%) 合金作阳极，纯铝板作阴极，以酸性硫酸锌作电解液，在直流电的作用下发生以下反应：

阴极　$Zn^{2+} + 2e \longrightarrow Zn$　　$E^0 = -0.763\ V$

阳极　$H_2O - 2e \longrightarrow \frac{1}{2}O_2 + 2H^+$　　$E^0 = 1.229\ V$

总反应　$Zn^{2+} + H_2O \longrightarrow Zn + 2H^+ + \frac{1}{2}O_2$

【实验装置】

直流稳压电源、铜库仑计、温度控制器、电动搅拌器、电接点式温度计、铅阳极、铝阴极、电解槽、恒温水浴锅、盐桥、甘汞电极、饱和 KCl 溶液、数字电压表、安培计、伏特计。具体实验装置如图 1-10-1 所示。

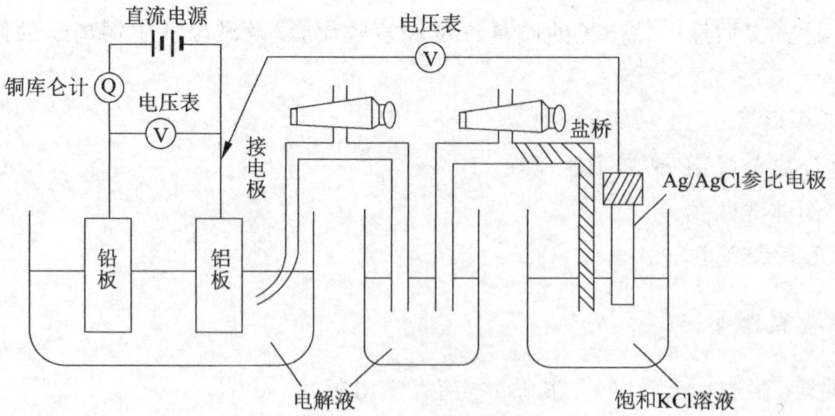

图 1-10-1　实验装置示意图

【实验步骤】

(1) 先将铝阴极和库仑阴极用天平称重，然后将铝阴极放入电解槽内。取出，测量其浸入溶液的实际尺寸并计算面积，再根据已确定的铝阴极电流密度计算出所需电流强度。

(2) 按图 1-10-1 连接好，即可通电，并记下通电起始时间、电流强度及槽电压。

(3) 将盐桥、甘汞电极、饱和 KCl 溶液与数字电压表连接好。

(4) 电解进行 2～4 h，关闭电源，同时取出铝阴极、库仑阴极，将其在沸水中静置 10 min，以除去硫酸盐结晶，然后放入烘箱烘干再取出称重，记下电解后两个阴极的质量。

【注意事项】

(1) 线路连接必须严格按照实验步骤进行，经检查后方可通电。

(2) 实验中不得任意摆弄仪器开关等。

【数据记录与处理】

(1) 记录内容如下：

① 温度 35～40℃；

② 阴极面积；

③ 阴极电流密度 $D_K=350\sim500\ A/m^2$；

④ 电流强度；

⑤ 同名极距 6 cm；

⑥ 电解液成分：Zn^{2+} 为 100 g/L，H_2SO_4 为 20 g/L，Mn^{2+} 为 4 g/L。

(2) 将电解前后铝阴极、库仑阴极的质量变化填入表 1-10-1 中。

表 1-10-1　实验数据记录表(一)

电极	电解前质量/g	电解后质量/g	增重/g
库仑阴极			
铝阴极			

(3) 将电解过程中所需时间、电流、槽电压及观察到的现象等填入表 1-10-2 中。

表 1-10-2　实验数据记录表(二)

时间	电流/A	槽电压/V	现象

$$\text{电流效率}\ \eta=\frac{\text{锌阴极析出质量}}{\text{库仑阴极析出质量}\times 1.029}\times 100\%$$

【报告编写】

实验报告内容包括实验目的、实验原理、实验装置图、实验步骤、数据记录及处理、分析讨论。

【思考题】

(1) 在锌电沉积过程中溶液的主成分会发生什么变化？这些变化对电沉积会产生什么影响？如何克服？

(2) 锌的标准电极电位较小，为什么锌能优先析出？而氢很少析出？

(3) 在锌电沉积生产实践中，如何进一步降低槽电压？如何解决析氧浪费能源的问题？

【参考文献】

[1] 赵天丛. 重金属冶金学[M]. 北京：冶金工业出版社，1987.

[2] 梅光贵，王德润，周敬元，等. 湿法炼锌学[M]. 长沙：中南大学出版社，2001.

[3] 张训鹏.有色冶金概论[M]. 北京：冶金工业出版社，1987.

实验 1-11　铜电解精炼及电流效率的测定

【实验目的】

(1) 了解铜电解精炼的基本原理。

(2) 熟悉铜电解精炼的实验方法及电流效率的测定方法。

【实验原理】

铜的电解精炼，是将火法精炼的铜铸成阳极板，用纯铜薄片作为阴极板，相间地装入电解槽中，用硫酸铜及硫酸的水溶液作电解液，在直流电的作用下，发生下列反应：

1. 阳极反应

$$Cu-2e\longrightarrow Cu^{2+} \qquad E^0=0.34\ V \tag{1}$$

$$Me-2e\longrightarrow Me^{2+} \qquad E^0<0.34\ V \tag{2}$$

$$2OH^- - 2e\longrightarrow H_2O+\frac{1}{2}O_2 \qquad E^0=1.59\ V \tag{3}$$

$$SO_4^{2-}-2e\longrightarrow SO_3+\frac{1}{2}O_2 \qquad E^0=2.42\ V \tag{4}$$

正常情况下，由于 OH^- 及 SO_4^{2-} 的标准电极电位远比铜的标准电极电位大，反应(3)、(4)不可能进行；标准电极电位比铜的标准电极电位小的贱(冶金中用语，与贵金属相对，下同)金属将在阳极上优先溶解，但其含量很少，贵金属(如金、银的标准电极电位远比铜的标准电极电位大，不能进行阳极溶解)和某些金属(如硒、碲等和铜形成不溶解的化合物)不溶，成为阳极泥沉入槽底。因此，在阳极上进行的主要反应是铜以二价形态溶解。

2. 阴极反应

$$Cu^{2+}+2e\longrightarrow Cu \qquad E^0=0.34\ V \tag{5}$$

$$2H^++2e\longrightarrow H_2 \qquad E^0=0\ V \tag{6}$$

$$Me^{2+}+2e\longrightarrow Me \qquad E^0<0.34\ V \tag{7}$$

氢的标准电极电位较铜小，而氢在铜阴极上析出的超电压又很大，故在正常情况下，式(6)不可能进行，标准电极电位较小的贱金属不能在阴极上析出，留在电解液中，待电解液定期净化时除去。因此，在阴极上进行的主要反应是二价铜离子得到电子转化为金属铜析出，这样，在阴极上析出的铜纯度很高，称为电解铜，简称“电铜”(含铜99.98%～99.99%)。电解精炼时，各种杂质的脱除率均在90%以上。

铜电解精炼时的电流效率，一般是对阴极电流效率而言，它是电沉积得到的铜的实际产量与按照法拉第定律计算的理论产量之比，是以百分数表示的一个指标；它直接影响铜电解精炼的电能消耗，电流效率愈低或槽电压愈高，电能消耗愈大。在一般情况下，工厂中的电流效率为95%～98%。

【实验仪器及试剂】

1. 实验仪器及装置

图1-11-1为铜电解精炼实验装置图。

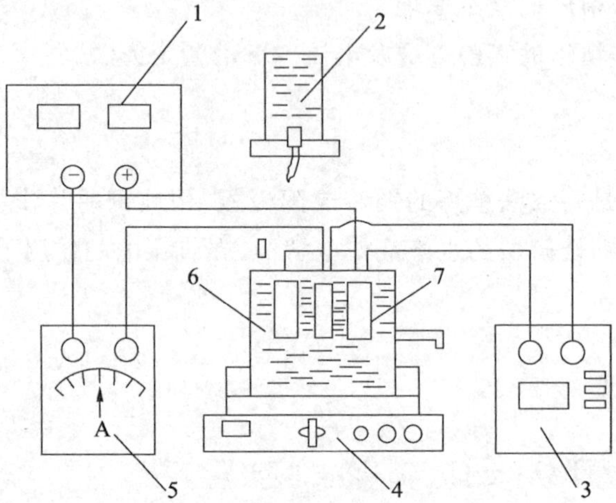

1—直流稳压电源；2—高位槽；3—数字电压表；4—集热式恒温磁力搅拌器；
5—电流表；6—电解槽；7—铜电极（两块阳极，一块阴极）

图1-11-1 铜电解精炼实验装置图

2. 实验试剂

硫酸、硫酸铜、硫脲。

【实验步骤】

1. 电解条件

（1）温度：55～60℃；

（2）电流密度：300 A/m²；

（3）电解液循环速度：v=75～100 mL/min；

（4）电解液成分：Cu^{2+}为45 g/L，H_2SO_4为210 g/L，硫脲为0.03g/L。

2. 具体步骤

（1）砂纸打光，水洗干净，电吹风吹干后称重。

（2）将阳极板用20%硫酸溶液浸泡15 min左右，水洗干净，用滤纸擦干。

（3）将阴、阳极板放入电解槽中，阴极板放中间，阳极板放两边，异极板的板距为35～40 mm，电板浸入部分高度为80 mm。

（4）打开集热式恒温磁力加热搅拌器电源，加热电解液，控制温度在55～60℃。

（5）调节电解液循环速度，使v=75～100 mL/min。

（6）按图1-11-1接好线路。

(7) 接通直流稳压电源，使 $I=2.02$ A，记下开始电解的时间。

(8) 测量槽电压，应为 0.2～0.25 V。

(9) 电解 30 min。

(10) 关掉电源，拆去线路，关闭电解液循环系统。

(11) 取出电极，用水洗净，将阴极板用酒精擦洗后用电吹风吹干，称重。

(12) 实验完毕，打扫实验场地。

【注意事项】

电解过程中，注意观察电流、槽电压、电解液循环速度，并将其控制在所需条件下。

【数据处理与报告编写】

1. 数据处理

$$\text{电流效率}(\eta)=\frac{\text{实际析出金属质量(g)}}{\text{理论析出金属质量(g)}}\times 100\%$$

理论析出金属质量(g)＝电流强度(A)×电解时间(h)×电化当量[g/(A·h)]

$$\text{铜电化当量}=1.186\ \text{g/(A·h)}$$

$$\text{电能消耗(W)}=\frac{\text{平均槽电压(V)}\times 1000}{1.186\times\text{电流效率}}\text{(kWh/T)}$$

式中：单位(kWh/T)表示每吨铜消耗的电量。

2. 报告编写

(1) 实验方法、实验装置。

(2) 电流效率计算。

(3) 建议、意见。

【参考文献】

彭容秋. 重金属冶金学[M]. 长沙：中南大学出版社，2002.

实验 1-12 P_{204}溶剂萃取铁

【实验目的】

(1) 通过实验了解萃取的原理,学会使用萃取设备,掌握对溶液中的金属离子进行萃取分离的方法。

(2) 了解 pH 值、萃取最大值、振荡时间、溶液中阴离子浓度对萃取实验的影响。

(3) 掌握萃取的有关基本概念。

【实验原理】

1. 萃取的有关基本概念

(1) 萃取:利用有机溶剂从与其不相混溶的液相中把某种物质提取出来的方法称为有机溶剂萃取,简称溶剂萃取。它是把物质从一种液相转移到另一种液相的过程。

(2) 萃取剂:它是一种有机试剂,能与被萃物发生作用,生成一种不溶于水相而溶于有机相的化合物,从而使被萃物从水相转入有机相,如 P_{204} 就是一种萃取剂。

(3) 稀释剂:是指为了改变有机相的物理性质(如黏度、比重等)而加入的不与被萃物发生作用的有机溶剂,又称惰性溶剂。

(4) 被萃物:是指从水相中转入有机相的物质。

(5) 萃余液与萃取液:萃取分层后,所得水相称为萃余液;而含有被萃物的有机相称为萃取液。

(6) 分配比与分离系数:萃取达到平衡后,被萃物在有机相中的总浓度与其在水相中的总浓度之比,称为分配比,用符号 D 表示。在同一萃取体系中,同样条件下 A、B 两种物质的分配比的比值,称为分离系数,用符号 β 表示。

(7) 反萃及反萃剂:用一种水溶液使被萃物从萃取液中重新进入水相的过程叫反萃,反萃所用的水溶液称为反萃剂。

2. P_{204} 萃取铁的原理

P_{204} 是二(2-乙基己基)磷酸酯的代号,国外简写为 HDEHP。它是一种酸性萃取剂,其结构简式为

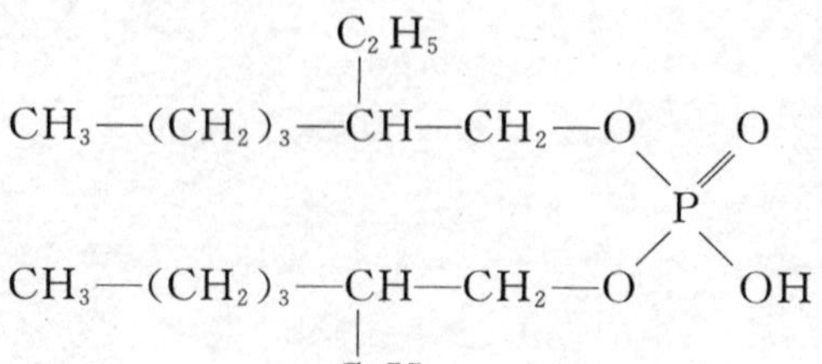

萃取时，P_{204}释放羟基(—OH)的氢离子，与被萃物阳离子发生交换反应，金属阳离子进入有机相。为书写方便，我们将 P_{204}用 HA 表示，则其萃取铁的化学反应式如下：

$$Fe^{3+}(aq)+3HA(org)=\!=\!=FeA_3+3H^+$$

任何化学反应达到的化学平衡都是一种动态平衡，根据反应式可知，随着化学反应的进行，溶液的酸度增大，阻碍化学反应向右进行。为避免这一不利因素，通常在使用前将 P_{204}进行皂化处理，即用碱性物质与 P_{204}进行反应。用来表示物质皂化程度的量，我们称之为皂化率，即

$$皂化率=\frac{与碱性物质发生反应的物质的量}{要处理的物质的总量}$$

一般根据实际情况来决定皂化率的大小。

P_{204}与铁结合后生成的金属盐在与强酸作用时，P_{204}的金属盐便发生水解，P_{204}又以游离酸的形式存在，而金属离子则进入溶液相，从而实现反萃。

【实验仪器及试剂】

1. 实验仪器

恒温水浴振荡器、分液漏斗、滴定台、酸式滴定管、移液管、锥形瓶、分液漏斗架、量筒、烧杯、吹瓶、圆盘电炉、滤纸。

2. 实验试剂

0.1 mol/L P_{204}-煤油、$FeCl_3$溶液(含铁 2 g/L)、HCl 溶液(1＋1)、H_2SO_4溶液(1＋1)、氨水(1＋1)、饱和 $HgCl_2$溶液、二苯胺磺酸钠溶液(0.5%)(*m*/*V*)、铁标准液(1 g/L)、$SnCl_2$(10%)、硫酸-磷酸混合液、$K_2Cr_2O_7$溶液(4.38 g/L)。

铁标准液配制：取 2 g 高纯铁(99.99%)，加入 50 mL 盐酸(2＋1)，在 65℃左右溶解后定容为 1000 mL。

$SnCl_2$ 溶液(10%)配制：取 10 g $SnCl_2\cdot 2H_2O$ 溶解在 10 mL 盐酸中，加水稀释至 100 mL。

硫酸-磷酸混合液配制：150 mL 硫酸＋150 mL 磷酸＋水补足至 1000 mL。

$K_2Cr_2O_7$ 溶液配制：取 4.38 g $K_2Cr_2O_7$溶解于水，稀释至 1000 mL，每毫升相当于含铁 0.005 g。

【实验步骤】

(1) 用量筒准确量取 50 mL 萃取剂和 50 mL $FeCl_3$溶液，倒入同一个 250 mL 的分液漏斗中，盖好塞子，关好阀门。

(2) 将其固定在恒温水浴振荡器上，开启振荡器进行振荡，5 min 后停止并取出。

(3) 将分液漏斗静置 2 min，分层，放出萃余液并从中取样进行分析。

(4) 向已经萃取了铁的萃取液中重新注入新鲜的 $FeCl_3$ 溶液 50 mL，重复(2)、(3)两个步骤。

(5) 当萃余液中的铁没有变化时，即停止实验。

(6) 待所有人员实验完毕，将所有萃取液倒入同一容器，待统一处理后再使用。

(7) 根据分析所得的结果，利用差减法原理，作出有机相中铁离子浓度-溶液中铁离子浓度等温曲线，并计算饱和萃取容量，得出被萃物的分子式等。

(8) 清理实验场地，经指导人员检查同意后方可离开。

【注意事项】

(1) 保证混合时间，使之达到真正的平衡；保证澄清时间充分，避免两相夹带。

(2) 保持有机相的流动性。

(3) 注意控制酸度，防止铁水解。

【参考文献】

[1] 赵天丛. 重金属冶金学[M]. 北京：冶金工业出版社，1987.

[2] 梅光贵，王德润，周敬元，等. 湿法炼锌学[M]. 长沙：中南大学出版社，2001.

[3] 张训鹏.有色冶金概论[M]. 北京：冶金工业出版社，1987.

【附　录】

二氯化锡-重铬酸钾法分析铁含量

➢分析步骤

用移液管准确取 3～5 mL 萃余液，放入 250 mL 的锥形瓶中，加入盐酸 10 mL，加水至 100 mL 左右，加热至 65℃左右，滴加氯化亚锡溶液至黄色刚消失，过量 2～3 滴，冷却，加 $HgCl_2$，有丝状白色沉淀出现即可，加硫酸与磷酸的混合液 15 mL，加 0.5%的二苯胺磺酸钠溶液 4 滴，迅速用重铬酸钾法滴定，滴至溶液刚变成蓝紫色为滴定终点。

注意：加 $HgCl_2$ 后，应立即滴定，且该过程必须在 5 min 内完成。

滴定过程涉及的有关化学反应式为

$$2Fe^{3+} + Sn^{2+} + 6Cl^{-} = 2Fe^{2+} + SnCl_6^{2-}$$

$$Sn^{2+} + 4Cl^{-} + 2HgCl_2 = SnCl_6^{2-} + Hg_2Cl_2$$

$$6Fe^{2+} + Cr_2O_7^{2-} + 14H^{+} = 6Fe^{3+} + 2Cr^{3+} + 7H_2O$$

➢注意事项

(1) 溶解在液体中的空气在振荡过程中会从液体中溢出，使分液漏斗内部压强增大，影响液体分层效果，要将其及时排出。

(2) 萃取时要振荡，萃取剂挥发，分液漏斗中的压强增大，所以要放气。放气时漏斗是倒置的，只能打开活塞。静置时，一是由于萃取剂挥发程度减小，二是由于当下层液体流出后，分液漏斗中液体减少，相当于增大了容积，因而气体的压强减小，此时若不打开上端的玻璃塞，液体将不能正常流出。

(3) 当混合物中存在两个互不相溶的液相时，由于存在密度差，静置一段时间后就会出现分层现象，密度小的在上层，密度大的在下层。打开分流漏斗的活塞就可以放出重液，轻液从上部倒出。

实验 1-13　冰铜熔炼

【实验目的】

（1）通过实验了解冰铜熔炼过程的实质。

（2）掌握配料计算，合理选择渣型。验证预期的冰铜及炉渣的产率、冰铜品位（冶金术语）、铜的回收率等指标，并对实验结果进行分析评论。

（3）掌握在高温箱式电阻炉中用坩埚进行熔炼的操作，并了解设备的结构及性能。

【实验原理】

铜精矿或焙砂的主要组分是铜和铁的硫化物、氧化物及脉石等，冰铜熔炼的首要目的是使炉料中的铜全部以 Cu_2S 状态进入冰铜相，而铁则部分入冰铜相（FeS）、部分以 FeO 状态入渣相。由于冰铜是共价结合的硫化物，而硅酸盐炉渣是离子型的，因而两者不相混熔，加之两者有较大的比重差，所以冰铜和炉渣得以分离。

对炉渣性质的研究表明，当没有 SiO_2 时，液态氧化物和硫化物是高度混熔的，因此必须使炉渣含 SiO_2 接近饱和，并使之有相当数量的硫来形成冰铜。为达到较好的熔炼结果，获得较高的铜回收率，必须进行合理的配料计算，尽量少加溶剂使渣量减少，力求炉渣熔点低、黏度小、比重小，以减少铜在炉渣中的损失。

本实验模拟反射炉熔炼原理，其主要化学反应如下：

（1）高价硫化物的热离解反应：

$$2CuFeS_2 = Cu_2S + 2FeS + \frac{1}{2}S_2$$

$$FeS_2 = FeS + \frac{1}{2}S_2$$

$$2CuS = Cu_2S + \frac{1}{2}S_2$$

（2）硫化物与氧化物的交互反应：

$$Cu_2O + FeS = Cu_2S + FeO$$

$$FeS + 3Fe_3O_4 = 10FeO + SO_2$$

（3）造渣反应：

$$2FeS + 3O_2 + SiO_2 = 2FeO \cdot SiO_2 + 2SO_2$$

$$3Fe_3O_4 + FeS + 5SiO_2 = 5(2FeO \cdot SiO_2) + SO_2$$

【实验条件】

1. 物料成分

物料成分如表 1-13-1 所示。

表 1-13-1　精矿、焙砂、熔剂成分　　%

名称	Cu	Fe	S	SiO_2	CaO	其他	合计
1号铜精矿	11.25	33.85	29.08	2.75	1.10	21.97	100
2号铜精矿	27.75	18.75	21.00	10.87	2.59	19.04	100
3号铜精矿	18.74	37.62	35.26	3.79	1.15	3.44	100
铜焙砂	18.79	38.96	9.40	4.14	1.40	27.31	100
石英砂				98		2	100
石灰石					50	50	100

2. 配料计算

熔炼脱硫率 20%～60%，冰铜含硫 25%，铜在冰铜中的回收率 95%～98%，冰铜中除 Cu，Fe，S 外，含有 1%其他成分。

渣型：FeO　40%～45%；

SiO_2　35%～40%；

CaO　5%～10%。

3. 熔炼温度

最高温度 1300℃、保温时间 30 min。

【配料计算示例】

混合矿成分：Cu 8.4%，Fe 26.6%，S 10.6%，SiO_2 10.2%，CaO 2.1%。

以 100 g 物料为计算基础，采用下列熔炼指标：脱硫率 40%；冰铜含硫 25%；铜在冰铜中的回收率在 95%以上；冰铜中除 Cu，Fe，S 外，其他成分为 1%；渣型：FeO 43%，SiO_2 38%，CaO 6%。

熔炼时预计产出冰铜重：

$$10.6\times(1-0.4)\div0.25=25.4\ g$$

预计产出冰铜品位：

$$8.4\times0.95\div25.4\times100\%=31.4\%$$

含 31.4% Cu 的冰铜含 O 约为 4%。

冰铜中含铁：

$$25.4\times(1-0.25-0.314-0.01-0.04)=9.8\ g$$

预计产出炉渣量：

$$(26.6-9.8)\times(71.8/55.8)\div0.43=50.3\ g$$

需加入石英砂：

$$(50.3\times0.38-10.2)\div0.98=9.1\ g$$

需加入石灰石：

$$(50.3\times0.06-2.1)\div0.5=1.8\ g$$

根据以上计算得出配料单及预计产品质量、冰铜品位(表 1-13-2):

表 1-13-2　计算配料单及预计产品指标

炉料组成/g			预计产出/g		预计冰铜品位
混合矿	石英砂	石灰石	冰铜	炉渣	Cu 31.4%
100	9.1	1.8	25.4	50.3	

【实验步骤】

(1) 按配料计算结果,分别称取混合矿、石英砂、石灰石及坩埚质量,做好记录。将试料倒入瓷研钵内混合均匀,再装入坩埚内,写上编号。

(2) 待高温箱式电阻炉温度升达 800℃时,即可进炉,记下进炉时间和温度,关闭炉门,通电继续升温。待炉温达 1300℃时,保温 30 min,记下终温、时间,熔炼完毕,关闭电源,准备出炉。

(3) 待炉温降至 1000℃以下,开炉门,取出坩埚,坩埚自然冷却后将其慢慢浸入水中,全冷后称重,记下总重,敲碎坩埚,取出冰铜称重,观察其断面颜色,去除 2～3 g 冰铜磨细装袋,写明班级、组号、姓名、编号、日期,交给指导老师,送化验室定铜。

【注意事项】

注意根据物料的元素含量及渣型酸碱度计算造渣所需要的配料加入比例,避免渣的黏度太大,分层效果差。

【参考文献】

张训鹏.有色冶金概论[M]. 北京:冶金工业出版社,1987.

【附　录】

铜精矿中铜的分析

➢原理

试样用酸溶解,在 pH=3～4 的溶液中,铜(Ⅱ)与碘化钾反应生成碘化亚铜,游离出碘,以淀粉为指示剂,用硫代硫酸钠滴定,以消耗的硫代硫酸钠体积计算铜的含量。

本法适用于铜精矿中含 8%～40%铜的测定。

➢试剂配制

(1) 硝酸-硫酸混合液(7+3)。

(2) 乙酸铵溶液(300 g/L):称取 90 g 乙酸铵于 400 mL 烧杯中,加 150 mL 水和 100 mL 冰乙酸,溶解后以水稀释至 300 mL,混匀。此溶液 pH 约为 5。

(3) 氟化氢铵饱和溶液:贮存于塑料瓶中,现配现用。

(4) 淀粉溶液(5 g/L):称取 0.5 g 可溶性淀粉于 200 mL 烧杯中,用少量水调成糊状,加 100 mL 沸水,煮至透明,取下冷却。现配现用。

(5) 硫氰酸钾溶液(400 g/L):称取 40 g 硫氰酸钾于 400 mL 烧杯中,加 100 mL 水溶解后(pH＜7)加入 2 g 碘化钾,溶解后加入 2 mL 淀粉溶液,滴加碘溶液(约 0.04 mol/L)至恰好呈蓝色,再用硫代硫酸钠标准溶液滴定至蓝色刚好消失。

(6) 硫代硫酸钠标准溶液:称取 10 g 硫代硫酸钠于 300 mL 烧杯中,加 200 mL 煮沸过的冷水溶解,加 0.1 g 碳酸钠,溶解后移入 1 L 容量瓶中,加水定容。于暗处放置一周后标定。

(7) 铜标准溶液:称取 1.0000 g 铜(99.99%)于 200 mL 锥形瓶中,加入 20 mL 硝酸(1+1),待激烈反应后,于低温电炉上加热使铜完全溶解,蒸发至小体积后加入 5 mL 硫酸(1+1),继续蒸发至冒浓硫酸烟,取下冷却,加 20 mL 水,加热使盐类溶解,冷却后移入 1L 的容量瓶中,加水定容。此溶液含铜 1 mg/mL。

(8) 标定:吸取 20.00 mL 铜标准溶液于 250 mL 锥形瓶中,加 1 mL 100 g/L 三氯化铁溶液,混匀。滴加 300 g/L 乙酸铵溶液至红色不再加深并过量 3～5 mL,再滴加氟化氢铵饱和溶液至红色消失并过量 1 mL,混匀。向溶液中加 2～3 g 碘化钾,摇匀。迅速用硫代硫酸钠标准溶液滴定至淡黄色。加入 2 mL 5 g/L 淀粉溶液,继续滴定至浅蓝色,加入 1 mL 400 g/L 硫氰酸钾溶液,激烈振荡至蓝色加深,再滴定至蓝色刚好消失,即为终点。取三次标定结果的平均值。三次结果的极差值应不大于 5 μg/mL。

➢分析步骤

称取 0.2000 g 试样于 300 mL 锥形瓶中,用水润湿,加入 10 mL 盐酸,于低温下加热 3～5 min,若试样中硅含量较高时,需加入 0.5 g 氟化铵,继续加热片刻,取下稍冷。加入 5 mL 硝酸 和 0.5 mL 溴(或加 10 mL 硝酸-硫酸混合液),盖上表面皿,摇匀,低温加热,待试样完全分解后,取下冷却,用少量水洗杯壁及表面皿,继续加热蒸至近干(如用硝酸-硫酸混合液溶样,需蒸发至干),冷却。若试样中碳含量较高时,需加 2 mL 硫酸和 2～5 mL 高氯酸,加热溶解至无黑色残渣,继续加热蒸发至干,冷却。用 20 mL 水冲洗表面皿及杯壁,于电炉上煮沸,使盐类溶解,取下冷却至室温。向溶液中滴加乙酸铵溶液(若铁含量极少,需补加 1 mL 100 g/L 的三氯化铁溶液)至红色不再加深并过量 3～5 mL,然后滴加氟化氢铵饱和溶液至红色消失并过量 1 mL,摇匀。

向溶液中加 2～3 g 碘化钾,摇匀。迅速用硫代硫酸钠标准溶液滴定至淡黄色。加入 2 mL 5 g/L 淀粉溶液(若铅、铋含量高,需提前加淀粉溶液),继续滴定,蓝色加深,滴定至蓝色刚好消失即为终点。同时做空白试验。

实验 1-14　铁-水系 φ-pH 图的绘制

【实验目的】

(1) 现代湿法冶金已广泛使用 φ-pH 图来分析物质在水溶液中的稳定性即各类反应的热力学平衡条件,如已知金属-水系 φ-pH 图,可以找出浸出与净化沉淀此种金属的电位和 pH 值的控制范围。

(2) 通过对 Fe-H_2O 中不同 pH 值对应的电位测定,绘制出 Fe-H_2O 系 φ-pH 图,从而加深对溶液中 pH 与氧化还原电位的了解,以及对有关 φ-pH 图的理解。

【实验原理】

本实验以 Fe-H_2O 系为例,其三类反应具体平衡条件如下:

1. 一类反应(只有电子得失)

$$Fe^{3+} + e \longrightarrow Fe^{2+} \tag{1}$$

$$\varphi = 0.77 + 0.0591\ \lg \frac{\alpha_{Fe^{3+}}}{\alpha_{Fe^{2+}}}$$

$$Fe^{2+} + 2e \longrightarrow Fe \tag{2}$$

$$\varphi = -0.44 + \frac{0.0591}{2} \lg \alpha_{Fe^{2+}}$$

2. 二类反应(无电子得失,有 H^+ 参与反应)

$$Fe(OH)_3 + 3H^+ \xlongequal{\quad} Fe^{3+} + 3H_2O \tag{3}$$

$$pH = 1.54 - \frac{1}{3} \lg \alpha_{Fe^{3+}}$$

$$Fe(OH)_2 + 2H^+ \xlongequal{\quad} Fe^{2+} + 2H_2O \tag{4}$$

$$pH = 6.64 - \frac{1}{3} \lg \alpha_{Fe^{2+}}$$

3. 三类反应(既有电子得失,又有 H^+ 参与反应)

$$Fe(OH)_3 + 3H^+ + e \longrightarrow Fe^{2+} + 3H_2O \tag{5}$$

$$\varphi = 1.04 - 0.0591\ \lg \alpha_{Fe^{2+}} - 0.177pH$$

$$Fe(OH)_2 + 2H^+ + 2e \longrightarrow Fe + 2H_2O \tag{6}$$

$$\varphi = -0.047 - 0.0591\ pH$$

$$Fe(OH)_3 + H^+ + e \longrightarrow Fe(OH)_2 + H_2O \tag{7}$$

$$\varphi = 0.271 - 0.0591\ pH$$

由于在水溶液中进行氧化-还原反应,故有

氢电极反应:　　$2H^+ + 2e \longrightarrow H_2\uparrow$

当 $T=298\ K, P_{H_2}=1\ atm$ 时

$$\varphi_{H_2} = -0.0591\ pH$$

氧电极反应：　$0.5O_2 + 2H^+ + 2e \longrightarrow H_2O$

当 $T=298\ K, P_{O_2}=1\ atm$ 时

$$\varphi_{O_2} = 1.229 - 0.0591\ pH$$

根据以上 $Fe\text{-}H_2O$ 系七个平衡式，可作出该系的 φ-pH 图。

【实验装置】

实验装置如图 1-14-1 所示。

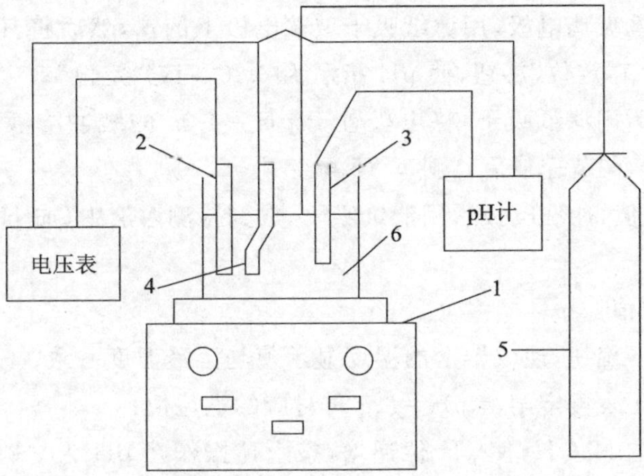

1—磁力加热搅拌器；2—铂电极；3—玻璃电极；4—甘汞电极；5—N_2瓶；6—待测溶液

图 1-14-1　φ-pH 测定装置图

【实验方法】

本实验用 $Fe_2(SO_4)_3 \cdot 6H_2O$ 和 $FeSO_4 \cdot 7H_2O$ 试剂配成 $[Fe^{3+}]=[Fe^{2+}]=0.01\ mol/L$ 的溶液，加入 H_2SO_4 和 NaOH 改变溶液的 pH，用 pH 计测定溶液的 pH 值，同时，用高阻电位差计测定相应的电位值，便可绘出 φ-pH 图。

但必须指出，由于平衡反应(2)和(6)均在 H_2O 析出 H_2 的平衡线之下，所以在本实验条件下，无法测得上述两反应的 φ 和 pH 值。因而无法绘制出这两条直线，又由于溶液中 Fe^{3+} 和 Fe^{2+} 活度不等于 1，故实测曲线与理论曲线之间存在一定的偏差。

【实验仪器及试剂】

1. 实验仪器

pH 计、恒温磁力加热搅拌器、数字电压表。

2. 实验试剂

$Fe_2(SO_4)_3 \cdot 6H_2O$(分析纯)、$FeSO_4 \cdot 7H_2O$(分析纯)、H_2SO_4(分析纯)、NaOH(分析纯)。

【实验步骤】

(1) 溶液的配制:准确称取 0.381 g $Fe_2(SO_4)_3 \cdot 6H_2O$ 及 0.417 g $FeSO_4 \cdot 7H_2O$ 于 200 mL 烧杯中,加入 150 mL 蒸馏水溶解。

(2) 按图 1-14-1 连接仪器,检查线路连接是否正确,如不正确及时更改。

(3) pH 计的校正:

① 接通电源,开启 pH 计,预热时间不少于半个小时;

② 调节"温度"旋钮,使温度显示值与溶液温度一致;

③ 将"斜率"旋钮顺时针调节到最大;

④ 用纯水冲洗玻璃电极,用滤纸吸干玻璃电极上的水,然后将其放置于 pH=6.86 的标准溶液中,调节"定位"旋钮,使 pH 指示为 6.86,固定"定位";

⑤ 冲洗电极后用滤纸吸干,将电极置于 pH=4.00 的缓冲溶液中,调节"斜率"旋钮,使读数为 4.00,调节完成后,"斜率"不再变动。

(4) 测量 pH 值:冲洗电极后用滤纸吸干,放到待测溶液中,加 H_2SO_4 若干滴,使溶液 pH=0.5。

(5) 测量电位值:

① 调节"温度"旋钮,使仪器上的温度显示值与溶液温度一致;

② 用数字电压表测定溶液 pH=0.5 时对应的电位值;

③ 加入适量的 NaOH,使 pH 值递增,按上述操作在 pH 为 0.5～10 范围内,测定相应的 pH 值和电位值,得到 10～15 对数据后进行实验数据处理;

④ 实验完毕,整理实验仪器,打扫卫生。

【注意事项】

(1) pH 计校准后,不得再旋动"定位""斜率""校正"旋钮。

(2) 小心使用玻璃电极,不得用手触及电极前端小球,以免弄破。

(3) 玻璃电极在使用前应用蒸馏水浸泡 24 h。

(4) 硫酸高铁[$Fe_2(SO_4)_3 \cdot 6H_2O$]溶解慢,应预先配好。

【报告编写】

(1) 实验原理、实验方案及实验装置。

(2) 实验记录:

① 应说明被测溶液温度及浓度;

② 应提供实验数据记录,包括实验次数,相应的 pH 值及电位值。

(3) 实验数据处理:

$$\varphi = \varphi_{测} + \varphi_{甘}$$

式中:φ—实际电位,V;

$\varphi_{测}$—测得的电位，V；

$\varphi_{甘}$—甘汞电极电位，由下式求出：

$$\varphi_{甘}=0.2415-7.6\times10^{-3}(t-25℃)$$

式中：t—待测溶液温度，℃。

(4) 绘图及分析：

① 根据所测得的 pH、φ 数据，绘制出实验条件下的局部 φ-pH 图。

② 与 Fe-H_2O 系理论的 φ-pH 图进行比较。

(5) 提出合理的意见和建议。

【参考文献】

[1] 赵天丛. 重金属冶金学[M]. 北京：冶金工业出版社，1987.

[2] 梅光贵，王德润，周敬元，等. 湿法炼锌学[M]. 长沙：中南大学出版社，2001.

[3] 张训鹏.有色冶金概论[M]. 北京：冶金工业出版社，1987.

实验 1-15　真空蒸馏处理 Bi-Ag-Zn 合金、提取粗银和铋锌合金

【实验目的】

(1) 通过铋、银、锌多元合金真空蒸馏试验，明确真空蒸馏是分离合金的有效方法之一。

(2) 掌握真空度、蒸馏温度、蒸馏时间、冷凝温度等对真空蒸馏的影响因素。

(3) 掌握真空炉、真空计、真空泵等设备的简单原理及其使用方法，提高动手能力。

【实验原理】

粗铋火法精炼中加锌提银产出的铋银锌壳，按粗铋中含银量的多少及加锌提银的操作工艺条件，铋银锌壳的成分波动在 5%～10% Ag、10%～30% Zn、60%～80% Bi，铋和锌有少量呈氧化物形态。一些铋银锌壳含银量更低，但它们是提取金银等贵金属的重要原料之一。

合金能否用真空蒸馏法分离及分离的程度，主要取决于合金中组元蒸气压的差异。合金中组元间蒸气压差异越大，则可用真空蒸馏法分离，且分离的程度就越好。在缺乏多元合金组元或活度系数的条件下，可粗略地用合金中各组元在纯金属状态时的蒸气压差值来判断。各元素的蒸气压与温度的关系已能够相当准确地测定。

从热力学手册查得：

$\lg p^0_{Ag} = -14400t^{-1} - 0.85\lg t + 13.82$　　(1233.8～2420 K)

$\lg p^0_{Bi} = -10400t^{-1} - 1.26\lg t + 14.47$　　(300～1837 K)

$\lg p^0_{Zn} = -6620t^{-1} - 1.255\lg t + 16.52$　　(699～1180 K)

由以上三式可算出各组元素的蒸气压由大到小为：$p^0_{Zn} > p^0_{Bi} > p^0_{Ag}$，即在恒温和真空下蒸馏 Ag-Bi-Zn 合金时，Zn 和 Bi 将大量进入气相而与 Ag 分离，从而可能得到富银合金或粗银。在一定蒸馏温度和真空度下，Zn 和 Bi 在不同的冷凝器上冷凝得到粗锌或粗铋，或者同一冷凝器上得到铋锌合金。随着真空蒸馏作业的进行，合金液相中易挥发组元越来越少，而难挥发组元含量逐渐增加，其合金组元的蒸气压也将发生变化，要想进一步分离各组元是不可能的，只能根据条件而分离到一定限度。

【实验条件】

实验温度 1000℃、恒温时间 20 min、料重 30 g、真空度 30 Pa 以下。

【实验仪器】

真空蒸馏炉(实验采用真空研究所设计和制造的小型真空炉，炉内有一石墨发热件与石墨底座紧密连接，真空炉内顶部有一冷凝器，此冷凝器用来收集金属蒸气。实验用

的坩埚是由真空研究所研发设计而成，再由工厂加工制造的，坩埚直径为 45 mm，石墨坩埚底部有热电偶温孔）。

【实验步骤】

(1) 把试料加工成小块，用电子天平称好，放入石墨坩埚内，然后把石墨坩埚放入石墨发热件中心。

(2) 把真空系统密封好后开始抽真空，达到一定的真空度（小于 30Pa）。

(3) 打开冷却水。

(4) 合上电源开关，调节控电设备，使炉温逐渐升到实验条件所规定的温度。

(5) 达到恒温时间，把电压、电流调整至零，断开电源开关让真空泵继续工作。

(6) 待温度降低到 100℃以下，停止抽真空，然后破真空，开启炉盖，取出残留合金，收集冷凝合金，分别称重。

(7) 实验完毕，整理好设备及工具，打扫卫生，方可离开实验室。

【注意事项】

(1) 及时打开水冷设备。

(2) 加热升温需选择适宜的温度。

【数据记录】

实验温度(℃)____________　　实验实间(min)____________

真空度(Pa)____________　　蒸馏馏分的质量(g)____________

【参考文献】

赵天丛. 重金属冶金学[M]. 北京：冶金工业出版社，1987.

【附　录】

铋精矿中铋的测定

➢原理

试样以盐酸、硝酸分解，加高氯酸蒸至冒烟，在 pH＝1.5～1.7 的溶液中，以二甲酚橙为指示剂，用 EDTA 标准溶液滴定铋。

针对铜、铁、钼等的干扰，加入硫脲、抗坏血酸、酒石酸掩蔽。本法适用于铋精矿中含 10％以上铋的测定。

➢试剂配制

(1) 铋标准溶液：称取 0.2000 g 铋(99.99％)于 250 mL 烧杯中，加 15 mL 硝酸(1＋2)溶解并煮沸 3～5 min，冷却，移入 100 mL 容量瓶中，用 4％(V/V)硝酸定容。此溶液含铋 2 mg/mL。

(2) EDTA 标准溶液：称取 3.8 g 乙二胺四乙酸二钠于 250 mL 烧杯中，加水溶解，移入 1 L 容量瓶中，加水定容。

(3) 标定：移取 25.00 mL 铋标准溶液于 500 mL 锥形瓶中，加 80 mL 水、0.2 g 坏血酸、5 mL 硫脲饱和溶液及 5 mL 100 g/L 酒石酸溶液，用 EDTA 标准溶液滴至黄色变浅，加 3～4 滴 1 g/L 二甲酚橙，用 200 g/L 乙酸钠溶液调至 pH＝1.5～1.7，加水至 200 mL，继续滴至红色变为亮黄色，即为终点。

➢分析步骤

称取 0.5000 g 试样于 250 mL 烧杯中，加 15 mL 盐酸，加热溶解并蒸发至 3～5 mL，加 10 mL 硝酸，继续蒸发至 2～3 mL，加 2～3 mL 高氯酸蒸至冒浓烟取下，加 8 mL 硝酸，用 4% (*V*/*V*)硝酸吹洗杯壁，加热煮沸使盐类溶解后取下，加40 mL 水，冷至室温后移入 100 mL 容量瓶中，用 4% (*V*/*V*) 硝酸定容。移取25.00 mL 清液于 500 mL 锥形瓶中，加 80 mL 水、0.2 g 抗坏血酸，摇匀，加 5 mL 硫脲饱和溶液、5 mL 100 g/L 酒石酸溶液，用 EDTA 标准溶液滴至黄色变浅，加 3～4 滴1 g/L 二甲酚橙溶液，用200 g/L 乙酸钠溶液调至 pH＝1.5～1.7，加水至 200 mL，继续滴至红色变成浅黄色，即为终点。

➢注意事项

含碲量大于 1 mg 时，先加 2 滴 200 g/L 磺基水杨酸，再分次加抗坏血酸至红色消失为止。

第二章　稀有金属冶金学实验

实验 2-1　黑钨精矿的常压碱分解

【实验目的】

(1) 掌握黑钨精矿碱分解的基本原理。

(2) 熟悉黑钨精矿碱分解的实验设备及操作。

(3) 理解黑钨精矿常压浸煮及高压浸煮的概念。

(4) 掌握分解率的计算方法及影响分解率的主要因素。

【实验原理】

我国是世界上钨矿资源丰富的国家，也是钨生产的主要国家。黑钨精矿是工业上生产仲钨酸铵和氧化钨的主要原料之一。

黑钨矿即钨锰铁矿，其主要成分是钨酸铁锰$(Fe, Mn)WO_4$。它是钨酸铁$FeWO_4$和钨酸锰$MnWO_4$的固溶体，即类质同晶混合物。这两种钨酸盐结晶的晶格相同，晶格常数相近，所以铁原子和锰原子在晶格的结点上能互相取代。矿中钨酸铁与钨酸锰的比例为80∶20以上的称为钨铁矿；钨酸锰与钨酸铁的比例为80∶20以上的称为钨锰矿；成分比例介于这两者之间的就称为钨锰铁矿。

黑钨精矿的分解方法中，应用较普遍的有两种：苏打烧结法和烧碱溶液浸煮法。后者根据不同的浸出压力条件，又有常压浸煮法和高压浸煮法之分，其目的都是使难溶的钨酸铁锰与碱起复分解作用，产生可溶的钨酸钠；铁和锰变成不溶的氧化物或氢氧化物入渣，从而使钨与锰、铁分离。

对比烧碱溶液浸煮法与苏打烧结法，后者所产钨酸钠溶液含杂质较多，如杂质锡石在烧结过程中有少量变成锡酸钠。其他杂质如二氧化硅、硫、磷、砷等化合物在烧结的高温下的反应程度都比碱分解反应大，因而产生的钠盐多，这些钠盐与钨酸钠一起进入溶液，使以后脱除杂质的工艺复杂化，且烧结法设备寿命短。

工业上大都采用氢氧化钠溶液来浸煮黑钨精矿，化学反应式如下：

$$FeWO_4 + 2NaOH = Na_2WO_4 + Fe(OH)_2$$

$$MnWO_4 + 2NaOH = Na_2WO_4 + Mn(OH)_2$$

黑钨精矿经碱分解后，其中的杂质如二氧化硅、硫、磷、砷、钼、锑等全部或部分变成可溶的硅酸钠、硫酸钠、砷酸钠、钼酸钠和锑酸钠与钨酸钠一起进入溶液中。

黑钨精矿往往还含有其他稀有金属，如钽、铌、钛、铀、钍、铍、钪等。碱分解后，这些金属留在浸出渣中，若数量可观，应予回收，含有放射性元素的浸出渣应妥善处理。

浸煮法有加氧化剂的（如氯酸钾），有不加氧化剂的，也有在浸煮结束时通入空气氧化的，其目的都是使低价的铁和锰氧化成为溶解度更小的氢氧化铁[$Fe(OH)_3$]和二氧化锰（MnO_2），从而使分解反应更趋于完全。

氢氧化钠的用量为黑钨精矿中三氧化钨所需理论量的140%～150%，通常比重为1.28～1.35的氢氧化钠溶液相当于35%～45%的氢氧化钠溶液，适用于浸出黑钨精矿，加入硝酸钠做氧化剂，硝酸钠的用量为黑钨精矿质量的3%～4%。

黑钨精矿的粒度应小于325目，反应温度由蒸气压力和碱液的浓度来控制。用1.5 mol当量的氢氧化钠在140℃下浸出6 h，分解率已令人满意（大于99%）。常压浸煮温度可达130～140℃，而高压浸煮温度在200℃，此时浸煮时间可缩短一半。实践证明，只要控制适宜的技术条件，常压浸煮的分解率可以达到99%。

【实验仪器及试料】

1. 实验仪器

78HW-1型恒温磁力搅拌器、电热烘箱、200℃玻璃温度计、量筒、烧杯、天平、表面皿、抽滤瓶、机械真空泵、布氏漏斗、瓷蒸发皿、容量瓶、药勺、万用电炉。

2. 实验试料

黑钨精矿：含 WO_3 ____________%，粒度小于____________目、氢氧化钠（化学纯）、硝酸钠（化学纯）。

【实验步骤】

(1) 实验条件列于表2-1-1中。

表2-1-1 实验条件

实验组数	NaOH用量/g	NaOH含量/%	反应时间/h	分解温度/℃	$NaNO_3$用量/g
1	理论用量的180%	30	2.0	100	精矿质量的3%
2	理论用量的180%	25	2.0	100	精矿质量的3%
3	理论用量的180%	25	2.5	100	精矿质量的3%
4	理论用量的180%	20	2.0	100	精矿质量的3%
5	理论用量的180%	30	1.5	100	精矿质量的3%
6	理论用量的180%	30	2.5	100	精矿质量的3%

(2) 计算 NaOH 的理论需要量。

(3) 用量筒量取所需量的水倒入 250 mL 烧杯中；称取所需量的 NaOH 加入烧杯中，用玻璃棒搅动使碱溶解。小心放入一粒搅拌转子待用。测定氢氧化钠溶液的比重。

(4) 称取所需量的黑钨精矿及硝酸钠待用。

(5) 将盛有碱液的烧杯置于万用电炉加热至沸腾(需要用石棉网)；然后移到恒温磁力搅拌器上，启动电源开关、加热和搅拌旋钮，用药勺慢慢将已称好的黑钨精矿加入烧杯中；待温度达到预定值后，开始计算反应时间，直到预定的浸煮时间为止。用表面皿盖在烧杯口上，以防止浸出液飞溅，浸出过程中需保持温度和液面恒定。

(6) 当浸煮进行一定时间后，将已称好的硝酸钠加入烧杯中(一般在停止浸煮前半个小时加入)。

(7) 到达所预定的浸煮时间后，关闭电源，停止加热与搅拌。

(8) 取下烧杯，稍冷却后将搅拌转子取出洗净。溶液静置澄清后在布氏漏斗上抽滤，过滤完毕，取出浸出渣置于瓷蒸发皿中并称重(瓷蒸发皿需预先称重)。然后放入电热烘箱内在 100～110℃下烘干，烘干后取出，冷却后再称重。

(9) 将滤液转入相应的容量瓶中并稀释至刻度。取样进行化学分析以测定浸出液中 WO_3 的含量，可用辛可宁-单宁酸重量法测定。

(10) 分析 NaOH 的含量。

(11) 浸出液留作“离子交换法制取仲钨酸铵”实验时使用。

【注意事项】

(1) 浸出过程需小心进行，勿打破烧杯，勿使 NaOH 溶液飞溅入眼内。

(2) 抽滤时不要将滤液回流入真空泵内。

(3) 因采用的碱浓度不同，且各地区大气压有差异，浸煮的温度会有所不同。

【数据记录】

将实验数据记录在表 2-1-2 中。

表 2-1-2 实验数据记录表

实验组数	黑钨精矿			钨酸钠溶液				钨渣				分解率/%
	质量/g	WO_3 含量/%	WO_3 质量/g	体积/mL	WO_3 质量浓度/$(g \cdot L^{-1})$	WO_3 质量/g	NaOH 质量浓度/$(g \cdot L^{-1})$	湿重/g	干重/g	含水/%	渣率/%	
1												
2												
3												

续表

实验组数	黑钨精矿			钨酸钠溶液				钨渣				分解率/%
	质量/g	WO_3含量/%	WO_3质量/g	体积/mL	WO_3质量浓度/(g·L^{-1})	WO_3质量/g	NaOH质量浓度/(g·L^{-1})	湿重/g	干重/g	含水/%	渣率/%	
4												
5												
6												

【数据处理与报告编写】

1. 数据处理

(1) 计算黑钨精矿分解率：

$$分解率=\frac{钨酸钠溶液中\ WO_3\ 总量(g)}{黑钨精矿中\ WO_3\ 总量(g)}\times 100\%$$

(2) 计算产渣率：

$$产渣率=\frac{干渣总重(g)}{精矿总量(g)}\times 100\%$$

2. 报告编写

实验报告内容包括实验名称、日期、目的；黑钨精矿总量；黑钨精矿 WO_3 含量，试剂名称、性质；技术条件；实验记录；数据处理；对实验结果的分析讨论。

【思考题】

(1) 影响黑钨精矿分解率的因素有哪些？

(2) 浸出过程中为什么要保持温度和液面恒定？

(3) 数据处理中分解率的计算考虑周全吗？

【参考文献】

李洪桂. 稀有金属冶金学[M]. 北京：冶金工业出版社，1990.

【附　录】

钨酸铵灼烧重量法测定三氧化钨

➢**原理**

试样在少量氟化铵存在下以盐酸、硝酸、高氯酸溶解，浓缩至冒白烟以驱除过剩的氟离子与硝酸根，钨成钨酸析出，过滤，与大部分共存元素分离后，用氨水溶解钨酸，滤液经蒸干、灼烧，以氢氟酸除硅，再灼烧后称量所得三氧化钨的质量。用光度法测定残渣及滤液中三氧化钨含量，补正结果。试样中含铌、钽、钼量较多时，会使测定结果偏高。本法适用于钨矿中含4%以上三氧化钨的测定。

➢**试剂配制**

(1) 高氯酸-硝酸混合液(6+4)。

(2) 三氯化钛-盐酸混合液：移取0.25 mL 15%的三氯化钛溶液，用含10 g/L氯化亚锡的盐酸(2+2)稀释至100 mL，混匀。用时现配。

(3) 三氧化钨标准溶液：称取0.1000 g经烘干的三氧化钨(99.95%)，置于250 mL烧杯中，加入48 g氢氧化钠，加约100 mL水，微热至溶解完全，冷却，移入1 L容量瓶中，加水定容，贮存于塑料瓶中。此溶液含三氧化钨100 μg/mL。

➢**分析步骤**

试样预先在105～110℃烘干2 h，置于干燥器中冷却至室温。

称取0.50 g试样于250 mL烧杯中，加入约50 mL盐酸，置于沸水浴上溶解30～40 min。加0.3 g氟化铵，摇动，继续溶解10 min，取下，置于电炉上浓缩体积至30～40 mL，加入5 mL高氯酸-硝酸混合液，继续加热至冒白烟1 min，取下，稍冷，用水吹洗表面皿及杯壁并稀释至40～50 mL，煮沸，取下静置片刻。以中速定量滤纸过滤，滤液转移至100 mL容量瓶中，以0.5%(*V*/*V*)高氯酸洗涤液洗涤烧杯和滤纸各4次，再用水各洗1次。

取下容量瓶，将已恒量的铂皿置于漏斗下，用热氨水(1+4)吹洗烧杯及滤纸使钨酸溶解，并将烧杯中的残渣移到滤纸上，用擦棒擦净烧杯。将铂皿置于沸水浴上蒸发至干，移到电炉上加热驱尽铵盐，移入780～800℃高温炉中灼烧10～15 min，取出冷却。加入5～8滴硝酸、5 mL氢氟酸，置沸水浴上蒸干，再移入780～800℃高温炉中灼烧10 min，取出，在干燥器内冷却至室温后称量，并反复灼烧至恒量。

将溶解钨酸后所余残渣连同滤纸移入30 mL铁坩埚中，置于电炉上烘干，灰化，冷却后加6 g过氧化钠，移入700～750℃高温炉中熔融至呈樱红透明，取出冷却。用加有0.5 mL无水乙醇的保留滤液在原烧杯中浸取(如系白钨精矿需补加1 g EDTA)，浸取完全后，用水洗出坩埚，冷却后移入100 mL容量瓶中，用水定容，静置澄清。移取上层清液2～10 mL(不足10 mL用48 g/L氢氧化钠溶液补足)于25 mL比色管中，加入1 mL 350 g/L硫氰酸铵溶液，以三氯化钛-盐酸混合液稀释至刻度，混匀，放置10 min。以1 cm比色皿在420 nm处以空白试剂为参比测量吸光度。

➢**工作曲线绘制**

移取0，50，100，200，300，400，500 μg三氧化钨于25 mL比色管中，用48 g/L氢氧化钠溶液稀释至10 mL，以下按测定方法进行，测量其吸光度。以三氧化钨量为横坐标、吸光度为纵坐标，绘制工作曲线。

➢计算

依据工作曲线计算残渣中三氧化钨的质量分数。

$$WO_3(\%)=\frac{m_2-m_1}{m_0}\times 100+A$$

式中：m_0—试样量，g；

m_1—铂皿的质量，g；

m_2—铂皿与三氧化钨的质量，g；

A—残渣中三氧化钨的质量分数。

实验 2-2　离子交换法制取仲钨酸铵

【实验目的】

(1) 掌握离子交换的一般原理及离子交换法制取仲钨酸铵的基本原理。

(2) 熟悉离子交换的实验室装置及操作。

(3) 掌握交换率、交换容量的概念及其计算方法。

【实验原理】

仲钨酸铵是钨冶金生产中重要的中间产品，是钨制品深度加工的重要原料。仲钨酸铵的纯度极大地影响各种钨制品的纯度和质量。

仲钨酸铵的生产方法有经典法、萃取法、离子交换法等。经典法的缺点是工艺流程长而复杂，材料消耗大，生产周期长，钨损耗大，成本高，效率低等。为了克服这些缺点，自 20 世纪 50 年代以来国际上发展了有机试剂萃取法和离子交换法。国内也开始进行研究并已用于工业生产实践，如我国中外合资企业东南钨冶金企业有限公司在仲钨酸铵生产工艺中就采用离子交换法。

我国有的钨厂采用 717# (或 201×7) 型强碱性阴离子交换树脂，它是带有季胺基的苯乙烯和二乙烯苯的共聚物，其优点是能除去大部分的磷、砷和硅，所以钨精矿分解所得的粗钨酸钠无须经过除杂即可进行离子交换，解吸所得到的钨酸铵可以制成化学纯或高纯三氧化钨或仲钨酸铵(APT)。有的钨厂则采用 W-A 新型树脂。两种树脂虽同属强碱性阴离子交换树脂，但前者属凝胶型树脂而后者属大孔型树脂，在除杂效果相同的情况下，后者交换容量更大。

当前国内采用的 717# 型树脂，原液含 WO_3 一般仅 15～20 g/L，树脂交换容量大约为 250 mg/g 干树脂。而 W-A 型树脂，原液含 WO_3 可达 30 g/L 以上，树脂交换容量可达 350～400 mg/g 干树脂。生产实践证明，W-A 型树脂除磷、砷、硅效果甚佳，但除铜效果不明显。

对几种树脂主要性能的比较情况如表 2-2-1 所示。

表 2-2-1　几种树脂主要性能的比较

树脂名称	结构特征	色泽	湿视比重/ $(g \cdot mL^{-1})$	含水率/%	孔隙率/%	交换容量/ $(mg \cdot g^{-1}$ 干树脂)
717# (201×7)	凝胶型强碱性阴离子交换树脂	淡黄，金黄	0.65～0.75	40～50	0.4	3～3.5
W-A	大孔型强碱性阴离子交换树脂	淡黄	0.7～0.75	—50	0.4	3.8～4.0

续表

树脂名称	结构特征	色泽	湿视比重/($g \cdot mL^{-1}$)	含水率/%	孔隙率/%	交换容量/($mg \cdot g^{-1}$干树脂)
W-C	大孔型弱碱性阴离子交换树脂	乳白	0.8～0.9	—60	0.4	6.0～6.5

两种树脂的容量及除杂效果的比较情况如表 2-2-2 所示。

表 2-2-2　两种树脂的容量及除杂效果的比较情况

树脂名称	饱和容量/($mg \cdot g^{-1}$干树脂)	穿透容量/($mg \cdot g^{-1}$干树脂)	除杂效果/%		
			P	As	Si
W-A	483.38	337.50	88.24	98.28	94.30
717#	338.48	168.75	81.47	98.28	94.80

钨的离子交换反应基本上是一个复分解反应，也可看成是吸附与解吸的一种物理化学过程。在离子交换料液——钨酸钠溶液中，钨以 WO_4^{2-} 形式存在，主要的阴离子杂质则以 $HAsO_4^{2-}$，HPO_4^{2-}，SiO_3^{2-}；MoO_4^{2-}，SO_4^{2-} 等形式存在，交换反应一般可写成：

$$2R_4NCl + WO_4^{2-} = (R_4N)_2WO_4 + 2Cl^-$$

式中：R—有机基团。

在碱性溶液中，离子相对亲和势的规律如下：① 按照离子价的高低，二价比单价大，也就是说，离子的电荷越多，亲和势越强；② 价数相同离子的亲和势与水合离子半径成反比。在给定的功能团中随着原子序数的增加，水合离子半径减小，因此亲和势逐渐增大。

717# 型树脂对钨及几种主要离子的亲和势有如下次序：

$$WO_4^{2-} > MoO_4^{2-} > HAsO_4^{2-} > HPO_4^{2-} > SiO_3^{2-} > SO_4^{2-} > Cl^- > F^-$$

WO_4^{2-} 的亲和势大于 Cl^- 的亲和势，故 WO_4^{2-} 能够将树脂上的 Cl^- 置换下来而被吸附。一些杂质均可被交换树脂所吸附，但是，根据 WO_4^{2-} 与杂质的亲和势大小的差别可以分离出来。

由于强碱性阴离子交换树脂的吸附反应速度相当快（只对内扩散而言），被吸附的离子总是在吸附柱中由上至下逐步被交换树脂吸附。WO_4^{2-} 的亲合势大于其他杂质的亲合势，因而首先置换交换树脂上的 Cl^- 而先被吸附，其他杂质则随后相继被吸附到树脂上。当继续流入交换柱中的 WO_4^{2-} 被吸附时，则被吸附的杂质又被 WO_4^{2-} 所置换而达到 WO_4^{2-} 与杂质分离的目的。

解吸反应如下：

$$(R_4N)_2WO_4 + 2NH_4Cl = 2R_4NCl + (NH_4)_2WO_4$$

解吸实际上是 WO_4^{2-} 吸附的逆反应，也可看成单价离子对多价离子的置换过程。在实践中解吸剂要有足够的浓度且适当过量，才能使 WO_4^{2-} 解吸完成，可用 NH_4Cl 和 NH_4OH 的混合液作解吸剂，加 NH_4OH 的目的是保持溶液为弱碱性，防止在解析时就从溶液中生成仲钨酸铵。

钨酸铵溶液是不稳定的，将其放置、蒸发或用酸中和时可转变成为仲钨酸铵。酸中和反应如下：

$$12(NH_4)_2WO_4 + 14HCl \longrightarrow 5(NH_4)_2O \cdot 12WO_3 \cdot 7H_2O + 14NH_4Cl$$

中和所得结晶呈细小针状，只有在温度 55℃以下才形成，蒸发所得结晶呈片状，分子式为 $5(NH_4)_2O \cdot 12WO_3 \cdot 7H_2O$。

【实验仪器及试料】

1. 实验仪器

有机玻璃离子交换柱一套、柱比[树脂层高(h)：交换柱内径(d)＝6：1]、烧杯、集液瓶、容量瓶、量筒、pH 试纸、滤纸、布氏漏斗、过滤瓶、真空泵、瓷蒸发皿、电热烘箱、天平。

2. 实验试料

经实验室预处理过的 717# 型树脂或 W-A 树脂、含 WO_3 粗 Na_2WO_4 溶液、NaOH 溶液、淋洗剂(4 mol/L NH_4Cl＋1.5 mol/L NH_4OH 混合液)、锌粒、饱和硝酸银溶液、2%硝酸铵溶液、2 mol/L 盐酸。

【实验步骤】

1. 设定离子交换与中和结晶的技术条件

离子交换技术条件：柱比(h：d)为 6：1，离子交换线速度 4 cm/min；洗钨、洗氯线速度 5 cm/min；淋洗钨线速度 2 cm/min。

中和结晶技术条件：温度 70℃；终点 pH＝6.7～7.0；洗涤剂为 2% NH_4NO_3。

2. 装柱

按柱比要求，计算出实验所需树脂量。在柱内注入三分之一左右的纯水，在柱的顶端放一漏斗，用量筒量取所需要的树脂慢慢地装入交换柱中。装好之后，树脂中应无气泡，树脂层上面水柱高约 2 cm，在实验过程中都应保持这个高度，安装固定好交换柱。

3. 离子交换操作

用纯水按实验拟订的线速度调整好流速，然后在该流速条件下加入试料液到钨穿漏时(指有刚好未被吸附的钨流出离子交换柱时，用锌还原法检查交换流出液出现微蓝色为准)，立即停止供入试料液。搅匀并记录好交换后料液的体积，然后分析测定 WO_3 的含量。

4. 洗涤钨

用纯水按所拟订的线速度洗涤交换柱中残留的钨酸钠溶液直至洗钨液中无钨(用锌还原法检查流出液不出现蓝色为准)时停止洗涤，搅匀并记录洗钨液的体积，然后分析测定 WO_3 的含量。

5. 淋洗钨

用 4 mol/L NH_4Cl＋1.5 mol/L $NH_3 \cdot H_2O$ 的淋洗剂混合液按所拟订的线速度淋洗树脂所吸附的钨，记录钨穿漏时的体积，继续洗涤至无钨为止。将 WO_3 含量高的淋洗液转入 500 mL 烧杯中留作中和结晶用。

6. 洗氯

用纯水按所拟订的线速度淋洗交换柱中残留的氯离子，洗至中性或用饱和 $AgNO_3$ 溶液检查流出液无白色沉淀为止。

7. 中和结晶

将 200 mL 淋洗钨的溶液加热到 70℃左右，用盐酸（3＋2）在不断搅拌下中和淋洗液，直到 pH＝7～7.6 时为止。待溶液静止澄清后，用布氏漏斗抽滤；用 2% NH_4NO_3 溶液洗涤仲钨酸铵产品。将仲钨酸铵仔细地转入瓷蒸发皿中，然后置于电烘箱中在 100～110℃下烘干，烘干后冷却至室温并准确称重。记录抽滤瓶中的母液及洗液的体积，用比色法测定其 WO_3 的含量。

8. 测定树脂干重

量取 10 mL 充分溶胀的树脂，用布氏漏斗抽滤。然后将树脂仔细地转入瓷蒸发皿中，将盛有树脂的瓷蒸发皿置于电烘箱内在 100～110℃下烘干，取出，待冷却后准确称重。记录好质量并换算试验所用树脂的干重，以计算树脂的交换容量。

【注意事项】

（1）树脂预处理时，不要使它的密度变得太小，否则容易浮起。

（2）原始钨酸钠溶液中的氯离子的质量浓度不允许大于 1 g/L，游离 NaOH 的质量浓度不大于 10 g/L，否则将导致交换率下降。

（3）WO_3 的含量高时可用辛可宁-单宁酸重量法测定；WO_3 的含量低时则可用硫氰酸钾光度法比色测定。

【数据记录】

供入交换柱试料液体积（mL）________，WO_3 的质量浓度（g/L）________，WO_3 总量（g）________；交换后液体积（mL）________，WO_3 的质量浓度（g/L）________，WO_3 总量（g）________；洗钨液体积（mL）________，WO_3 的质量浓度（g/L）________；淋洗钨液的体积（mL）________；淋洗钨液中 WO_3 的质量浓度（g/L）________，WO_3 总量（g）________；干仲钨酸铵总量（g）________，WO_3 含量（g）________；结晶母液体积（mL）________，WO_3 的质量浓度（g/L）________，WO_3 总量（g）________；洗液体积（mL）________，WO_3 的质量浓度（g/L）________，WO_3 总量（g）________；树脂干重（g）________。

【数据处理与报告编写】

1. 数据处理

根据实验结果做如下计算：

(1) 计算交换率：

$$交换率(\%)=\frac{进入柱中\ WO_3\ 总量-(交换后液中\ WO_3\ 总量+洗钨液中\ WO_3\ 总量)}{进入柱中\ WO_3\ 总量}\times 100\%$$

(2) 计算交换容量：

$$交换容量(mg/g\ 干树脂)=\frac{进入柱中\ WO_3\ 总量-(交换后液\ WO_3\ 总量+洗钨液中\ WO_3\ 总量)}{干树脂重}$$

(3) 计算结晶率：

$$结晶率(\%)=\frac{干仲钨酸铵质量\times 0.884}{淋洗钨液中\ WO_3\ 总量}\times 100\%$$

式中：0.884—仲钨酸铵结晶中 WO_3 的含量。

结晶率也可按下式计算：

$$结晶率(\%)=\frac{淋洗钨液中\ WO_3\ 总量-母液中\ WO_3\ 总量}{淋洗钨液中\ WO_3\ 总量}\times 100\%$$

2. 报告编写

实验报告内容应包括实验名称、日期、目的；基本原理；实验记录；数据处理；对实验结果的分析讨论。

【参考文献】

李洪桂. 稀有金属冶金学[M]. 北京：冶金工业出版社，1990.

实验 2-3　萃取分离钨和钼

【实验目的】

(1) 掌握溶剂萃取分离相似元素的基本实验方法。

(2)了解酸性磷型萃取剂分离钨、钼的基本原理。

(3) 熟悉多级逆流萃取的实验操作。

【实验原理】

在钨的提取冶金技术中，要求钨产品中钼杂质的含量必须很低(如 $20\sim30\times10^{-6}$)。然而，钨、钼的化学性质相似，在弱酸的条件下萃取时，二者会形成钨钼杂多酸阴离子$(MO_xW_{12-x}O_{41})^{10-}$，同时被萃取，因此，萃取前一般要用硫化物沉淀法预除钼。硫化物除钼一方面析出 H_2S，使作业条件恶化，另一方面往往有 1%～1.5%的钨进入钼渣而损失，这就使得人们对萃取法分离钨、钼愈加重视，故进行了广泛的研究。

本实验采用二(2-乙基己基)磷酸(D_2EHPA)在有络合剂 EDTA 存在的条件下萃取分离钨、钼。

弱酸性溶液(pH＝2～3)中，阳离子交换有机磷萃取剂——二(2-乙基己基)磷酸能很好地萃取钼，而钨实际上不被萃取。钼被萃取的反应为

$$MoO_2^{2+}(aq)+2(HR_2PO_4)_2(org)=\!=\!=MoO_2(R_2PO_4)_2\cdot 2HR_2PO_4(org)+2H^+(aq)$$

可当溶液中有钨存在，萃钼很困难。这是由于钨存在时会与钼生成钨钼杂多酸阴离子，而溶液中可被萃取的游离的 MoO_2^{2+} 就减少了，因此钼的萃取率显著下降。向溶液中加入少量 EDTA 时，萃钼率可以得到明显提高，因为 EDTA 与钼形成易被 D_2EHPA 萃取的络合物$(MoO_2)_2EDTA^{4-}$，其萃取反应为

$$(MoO_2)_2EDTA^{2-}(aq)+4(HR_2PO_4)_2(org)=\!=\!=$$

$$2(MoO_2(R_2PO_4)_2\cdot 2HR_2PO_4)(org)+EDTA^{6-}(aq)+4H^+(aq)$$

此时，钨以$(H_2W_{12}O_{40})^{6-}$或$(W_{12}O_{39})^{6-}$的形态存在，几乎不被 D_2EHPA 萃取，而留在水相中，达到钨、钼分离的目的。

【实验仪器】

电动振荡器、721 型分光光度计、PHS－2 型酸度计。

【实验步骤】

1. 料液配制

配制 1 L 含 WO_3 20 g/L 和 MoO_3 0.3 g/L(分别以 Na_2WO_4 和 Na_2MoO_4 加入)的水溶液，然后加入 0.01 mol/L EDTA(以 EDTA-2Na 盐加入)，加热，用 2.5 mol/L 硫

酸慢慢调至 pH＝2～3，再煮沸 40 min 左右。

2. 有机相配制

配制 1 L 含有 40%(体积分数)D_2EHPA 的煤油溶液。煤油需先用浓硫酸洗涤。

3. 五级逆流萃取操作

(1) 分液漏斗五级逆流萃取模拟示意图如图 2-3-1 所示。

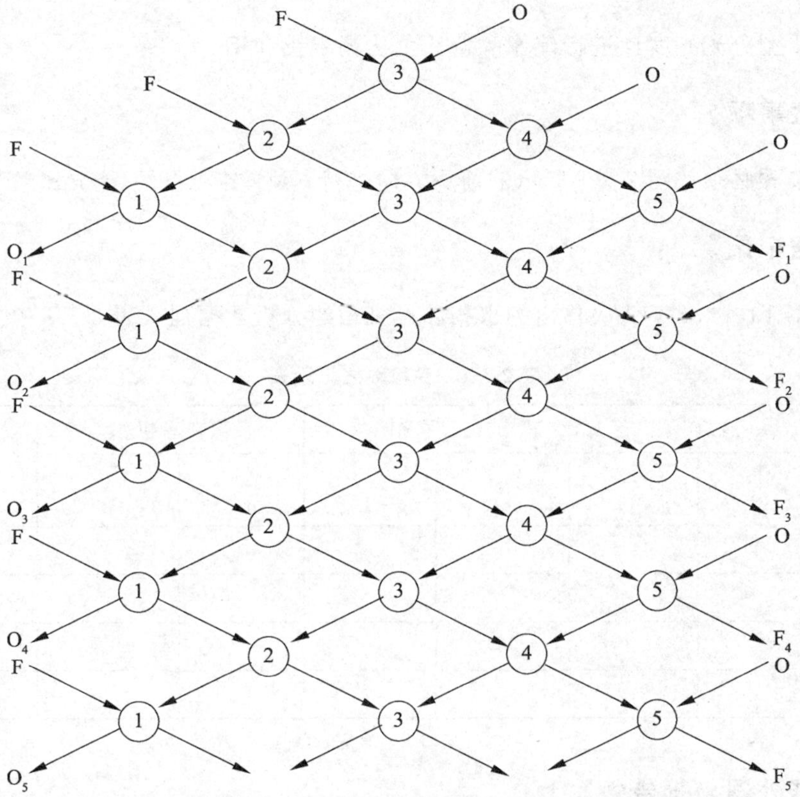

F—料液；F_n—每次萃取后的水相；O—有机相；O_n—每次萃取后的有机相

图 2-3-1　五级逆流萃取分液漏斗模拟示意图

(2) 操作条件：有机相与料液体积各取 25 mL，振荡时间 5 min，室温下进行。

(3) 操作步骤：按图 2-3-1 所指箭头方向操作。

① 取 5 个 125 mL 分液漏斗，分别编成 1，2，3，4，5 号。

② 从 3 号分液漏斗起，分别加入有机相和料液各 25 mL，振荡 5 min。待澄清、分层后，水相倒入 4 号分液漏斗，有机相倒入 2 号分液漏斗。

③ 在 4 号分液漏斗中加入新有机相、2 号分液漏斗中加入料液，振荡 4，2 号分液漏斗。待澄清、分层后，4 号分液漏斗中的水相倒入 5 号分液漏斗、有机相倒入 3 号分液漏斗。2 号分液漏斗中的水相倒入 3 号分液漏斗、有机相倒入 1 号分液漏斗。

④ 在 1 号分液漏斗中加入料液、5 号分液漏斗中加入新有机相，振荡 1，3，5 号分液漏斗。待澄清、分层后，1 号分液漏斗中的水相倒入 2 号分液漏斗，有机相移去。3 号分

液漏斗中的水相倒入 4 号分液漏斗，有机相倒入 2 号分液漏斗。5 号分液漏斗中的水相移去，有机相倒入 4 号分液漏斗。

⑤ 按上述步骤继续操作下去。实际上，一般移去水相(或有机相)的次数为萃取级数的两倍以上就可以认为萃取体系已接近平衡了。对第 10，11，12，13 次移出的水相和有机相分析被分离元素(W，Mo)。

4. 分析

用 721 型分光光度计进行硫氰酸盐比色法测定钨和钼。

【注意事项】

操作步骤必须按图 2-3-1 所示的箭头方向进行，操作要细心，不能弄错。

【数据记录】

将对第 10，11，12，13 次移出的水相和有机相的分析数据列入表 2-3-1 中。

表 2-3-1 实验数据记录表

振荡次数	钨钼料液		出口水相		出口有机相		萃取率/%
	V_F/mL	C_F/$(g \cdot L^{-1})$	V_A/mL	C_A/$(g \cdot L^{-1})$	V_O/mL	C_O/$(g \cdot L^{-1})$	
10							
11							
12							
13							

【数据处理与报告编写】

(1) 计算经过五级萃取后钼和钨的萃取率：

$$E=\frac{Q_F-Q_A}{Q_F}\times 100\%$$

式中：E—钼和钨的萃取率，%；

Q_F—料液中钼或钨的质量，g；

Q_A—萃余液中钼或钨的质量，g。

当相比为 1，且萃取过程中两相体积无变化时，则

$$E=\frac{C_F-C_A}{C_F}\times 100\%$$

式中：C_F—料液中钼或钨的质量浓度，g/L；

C_A—萃余液中钼或钨的质量浓度，g/L。

(2) 论述钨、钼萃取分离的基本原理。

【思考题】

(1) 工业上采用哪些方法净化粗钨酸钠溶液制取纯钨化合物?

(2) 比较离子交换法和萃取法处理钨酸溶液的优缺点。

【参考文献】

[1] 李洪桂. 湿法冶金学[M]. 长沙:中南大学出版社,2002.

[2] 杨佼庸,刘大星. 萃取[M]. 北京:冶金工业出版社,1988.

[3] 王开毅,成本诚,舒万银. 溶剂萃取化学[M]. 长沙:中南工业大学出版社,1991.

[4] 李洪桂. 稀有金属冶金学[M]. 北京:冶金工业出版社,1990.

【附　录】

钼酸铅重量法测定钼

➢原理

在乙酸-乙酸铵溶液(pH=5~7)中,钼与乙酸铅生成钼酸铅沉淀,在550~600℃灼烧,以钼酸铅形式称重。其反应式如下:

$$(NH_4)_2MoO_4 + Pb(C_2H_3O_2)_2 = PbMoO_4 \downarrow + 2NH_4C_2H_3O_2$$

凡能与钼酸根生成钼酸盐沉淀的金属阳离子如钙(Ⅱ)、锶(Ⅱ)、钡(Ⅱ)等干扰测定。钨酸根、砷酸根、磷酸根、钒酸根、铬酸根等阴离子,在乙酸-乙酸铵介质中与乙酸铅作用生成沉淀,需预先分离。

本法适用于含5%以上钼的测定。

➢试剂配制

乙酸-乙酸铵缓冲液:取250 mL饱和乙酸铵溶液,加入150 mL冰乙酸,加水稀释至1 L。

乙酸-乙酸铵洗液:取40 mL上述溶液,用水稀释至500 mL。

乙酸铅溶液:称取18 g乙酸铅,加入25 mL冰乙酸,加水溶解,过滤,加水稀释至1 L。

➢分析步骤

称取0.200~0.500 g试样于250 mL烧杯中,用水湿润,加入20~25 mL硝酸-氯酸钾饱和溶液,于电炉上加热分解并蒸发至体积约5 mL,稍冷。加入10 mL盐酸,蒸发至5 mL,再加入10 mL盐酸,蒸发至5 mL。加入10 mL盐酸,用水稀释至80 mL左右,加热至沸,稍冷。加氨水中和至有氢氧化铁沉淀产生,并使加入的氨水过量10~15 mL,加热至近沸,用定性滤纸过滤,用400 mL烧杯承接滤液。沉淀用热的2%(*V*/*V*)氨水洗涤5~6次,并加盐酸(1+1)溶于烧杯中,再加氨水重复沉淀一次,过滤于第一次滤液中，再用2%(V/V)氨水洗涤4～5次。保留沉淀以进行钼的光度法补正。

将滤液体积调至300 mL左右，加3～4滴1 g/L甲基橙指示剂，加入盐酸(1+1)中和至溶液呈酸性后再过量10～12滴；加入50 mL乙酸-乙酸铵缓冲液，加热至微沸后取下，在不断搅拌下慢慢加入乙酸铅溶液，其加入量以丹宁为外指示剂检验至不出现黄色沉淀后再过量1.5 mL；加入少量纸浆，加热煮沸3～5 min，静置30 min以上，用慢速定量滤纸过滤，用乙酸-乙酸铵洗液洗涤至无铅离子反应(用硫化钠检验)，再用热水洗两次。将沉淀连同滤纸移入已恒量的瓷坩埚中，灰化，在550～600℃下灼烧至恒量。

➢**计算**

$$Mo(\%)=\frac{m_1\times 0.2613}{m_0}\times 100\%+A$$

式中：m_1—钼酸铅的质量，g；

m_0—称样量，g；

A—残渣中钼的质量分数；

0.2613—钼酸铅换算成钼的换算系数。

➢**注意事项**

1. 有钨存在时钼的测定(钨含量不大于2%)

称取0.2500 g矿样于300 mL烧杯中，加入20 mL硝酸，盖上表面皿，加热溶解，蒸至3～5 mL，取下稍冷；加入10 mL盐酸，加热蒸至3～4 mL，取下，加入10 mL盐酸、50 mL水煮沸；趁热用快速滤纸过滤，用含有约1%(V/V)盐酸的热水洗涤沉淀7～8次，洗涤烧杯2～3次，用氨水(1+1)将烧杯上的黏附物转入滤液中，并用水洗净，滤纸和残渣保留。

滤液补加6 mL三氯化铁溶液，加入2～3 g硝酸铵，煮沸，稍冷，在搅拌下加入氨水，使氢氧化物沉淀，再过量10 mL，煮沸至微氨味，取下，用盐酸(1+1)和氨水(1+1)调节pH=8～9，用快速滤纸过滤，用热硝酸铵洗涤液洗涤4～5次。沉淀洗入原烧杯中，加入10 mL盐酸(1+1)溶解，用水稀释至50 mL，加入15 mL氨水，煮沸至微氨味，用同样方法调节pH=8～9，用原滤纸过滤于第一次的滤液中，并用上述洗涤液洗涤4～5次，沉淀与酸不溶残渣合并，以钼的光度法补正。

将滤液体积调至300 mL左右后，以下按分析步骤进行。

2. 残渣中钼的补正

将前面保留的残渣及氢氧化物沉淀放入30 mL瓷坩埚中，灰化后加入2～3 g烧结剂(66 g无水碳酸钠、33 g氧化锌和3 g硝酸钾，磨细混匀)，搅匀，表面再覆盖1～2 g烧结剂，搅棒用小块滤纸擦净，置于700～750℃高温炉中烧结30～40 min，取出冷却。将烧结块小心转入300 mL烧杯中，用30～40 mL水洗净瓷坩埚，洗液倒入烧杯中。将烧杯中的溶液加热煮沸，使可溶盐类溶解，取下冷却后，移入100 mL容量瓶中，加水定容。

用干滤纸过滤，弃去最初部分滤液，根据钼的含量移取适量试液于100 mL容量瓶中，以酚酞为指示剂，用硫酸(1+1)中和至无色后过量 10 mL，补加水 30 mL，加入 1 mL 43 g/L 硫酸高铁铵溶液、3 mL 300 g/L 硫氰酸钾溶液、5 mL 抗坏血酸溶液，每加一种试剂后充分混匀，用水定容，30 min 后，在波长 460 nm 处用 1 cm 比色皿，以蒸馏水作参比溶液，测其吸光度。

按同样方法作空白试验对结果进行校正。

3. 工作曲线绘制

量取 0，2.00，4.00，6.00，8.00，10.00 mL 10 μg/mL 钼标准溶液于一组 50 mL 容量瓶中，加入 10 mL 硫酸(1+1)，补加水至 30 mL，冷却至室温，以下步骤按试样分析步骤进行。

实验 2-4 P_{204}萃取分组分离稀土元素

【实验目的】

(1) 掌握 P_{204} 萃取剂萃取分组分离稀土元素的基本原理；掌握稀土金属的分组及其特性。

(2) 掌握 P_{204} 萃取剂的性质、结构及应用条件。

(3) 熟悉 P_{204} 萃取剂萃取分组分离稀土元素的实验设备及操作。

【实验原理】

我国稀土资源极其丰富，各种类型的稀土矿床遍布全国各地，不仅储量大，占世界首位；而且品种齐全。

稀土元素包括周期表中原子序数 57 到 71 的镧(La)、铈(Ce)等 15 种镧系元素，以及在化学性质上与他们相近、原子序数为 21 的钪(Sc)和原子序数为 39 的钇(Y)，一共 17 种元素，稀土元素的常见价态是正三价，它们属于周期表中第ⅢB 族。

在这 17 种稀土元素中除钪以外，根据它们的物理化学性质，常把稀土元素分为轻、重两组或轻、中、重三组。两组分类法是以钆为界，称钆以前的镧、铈、镨、钕、钷、钐、铕七种元素为轻稀土元素或铈组稀土元素；钆和钆以后的铽、镝、钬、铒、铥、镱、镥和钇九种元素为重稀土元素或钇组稀土元素。三组分类法没有严格的标准。以其在磷酸二异辛酯(P_{204})中的特性来分组，则镧、铈、镨、钕为轻稀土；钐、铕、钆为中稀土；而铽、镝、钬、铒、铥、镱、镥、钇为重稀土。这样的分组可用 P_{204} 溶剂萃取法来实现，首先在钕、钐间分组，然后增加酸度再在钆、铽之间分组。

稀土元素中的 15 种镧系元素在周期表中占一个位置，它们的化学性质非常相似，要分离出纯的单一稀土元素较困难。稀土元素的分离具有很多特殊性。在稀土水冶纯化工艺中有分级结晶法、分级沉淀法、离子交换法和溶剂萃取法等。对单一稀土元素分离而言，溶剂萃取法无疑是最重要的，它具有处理容量大、反应速度快、分离效果好的优点。应用萃取法不仅可直接获得高纯单一的稀土化合物，同时可通过全萃取流程将全部稀土元素分离出来。

稀土萃取剂除满足一般萃取的基本要求外，还应对稀土元素有较高的选择性，即对稀土伴生杂质或相邻稀土元素间有较好的分离作用。

P_{204} 是萃取分组分离稀土元素较为有效的萃取剂。P_{204} 为酸性磷型萃取剂，主要成分为二(2 -乙基己基)磷酸酯，相当于国外的 D_2EHPA。它的结构简式为

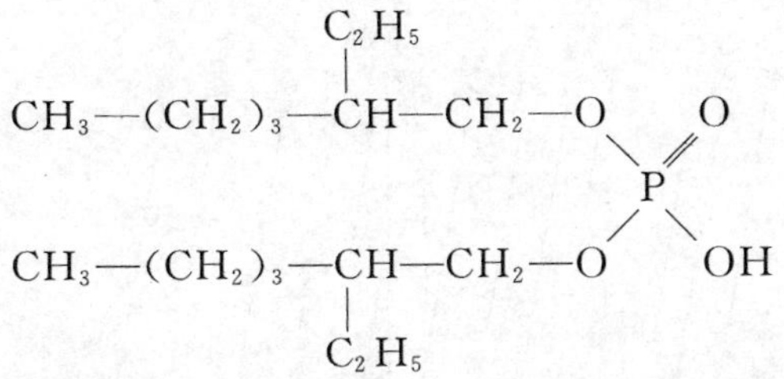

P_{204}是黄色油状液体，透明，几乎无臭，易溶于苯、石油、醚、煤油等有机溶剂，不溶于酸性水溶液。P_{204}的含量不低于93%，亚磷酸含量不大于1%。P_{204}的比重d_4^{25}为0.9694～0.9700；折光率n_D^{25}为1.4415～1.4419；黏度η^{25}为32×10^{-3} Pa·s；闪点为206℃；燃点为233℃；在水中的溶解度为0.012 g/L；相对分子质量为322。

P_{204}分子中既有能与金属发生置换反应的H^+，又有能与金属离子形成配位键的磷酰基，从而构成螯合物型萃合物。P_{204}在极性溶剂中以单体形态存在，在非极性溶剂中则通过氢键缔合成二聚体。二聚体中的一个氢可以电离出来并可进一步电离，不但能在有机溶剂中发生电离，在水溶液中也能发生电离，因此P_{204}在水中的酸性更强。

P_{204}萃取三价、二价金属时的反应可用下式表示（Me为稀土元素；HX为P_{204}分子）：

$$Me^{3+}+3HX \longrightarrow MeX_3+3H^+$$

$$Me^{2+}+2HX \longrightarrow MeX_2+2H^+$$

萃取的分配系数D可通过下式求出：

$$\lg D=\lg K+3\lg[HX]+3pH$$

式中：D—分配系数；

K—热力学平衡常数。

对一定体系，当萃取剂浓度保持恒定时，$\lg D$随pH值的增大而增大。如以$\lg D$对$\lg[H^+]$作图，则斜率为-3的直线如图2-4-1所示。

从图2-4-1可知：在同一水相酸度下，各稀土元素的分配系数D差别较大。在图上可找到各稀土元素的分配系数$D=1$(即$\lg D=0$)时的水相酸度。例如，钐的分配系数$D_{钐}=1$时，$\lg[H^+]=-0.6$，即$[H^+]=0.25$ mol/L。如果选择在浓度大于0.25 mol/L HCl的酸度下进行萃取，钐及钐以上的中、重稀土元素将优先萃入有机相，而钐以下的轻稀土元素则留在水相中，这样就可以在钐与钕之间分组，如选择别的酸度，则可在别的相邻稀土元素之间分组。

影响稀土元素分离的因素还有萃取剂的浓度，阴离子Cl^-，NO^{3-}，SO_4^{2-}的存在，稀土离子浓度，稀释剂，萃取温度，萃取速率等。

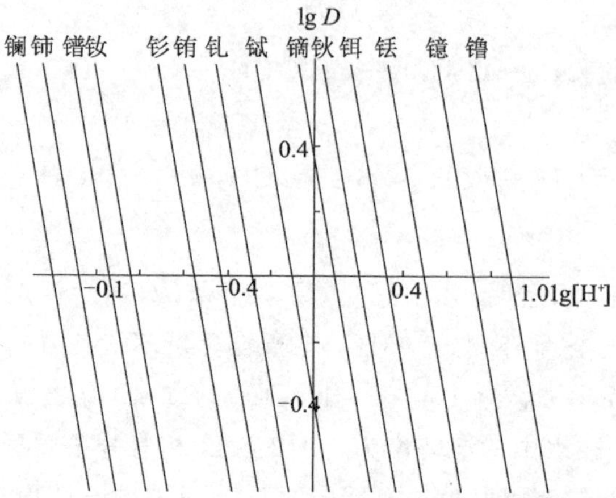

实验条件：P_{204}(1 mol/L)—甲苯，料液浓度：$RECl_3$ 为 0.05 mol/L

图 2-4-1　用 P_{204} 萃取稀土离子时 D 与酸度的关系

P_{204} 萃取稀土元素的分配系数 D 随着原子序数的增加，即离子半径的减小而增大。用 P_{204} 分离稀土元素，镥与镧之间的分离系数 $\beta_{Lu/La}$ 高达 3×10^5，相邻两元素之间的平均分离系数为

$$\beta=\sqrt[14]{3\times10^5}=2.46$$

在 P_{204}-HCl 体系中，$\beta=2.5$；在 P_{204}-HNO_3 体系中 β 要小一些，但比 P_{350}，TBP，N_{263} 等萃取剂萃取相邻稀土元素的平均分离系数要大一些。

P_{204} 萃取稀土元素的分配系数 D 和分离系数 β 的值如表 2-4-1 所示。

表 2-4-1　P_{204} 萃取稀土元素的分配系数 D 和分离系数 β(底液为 $HClO_4$，以钇的 D 为 1.00 为基准)

稀土离子	分配系数 D	lg D	分离系数 β
Y^{3+}	1.00	0.000	
La^{3+}	1.3×10^{-4}	$-4+0.114$	$\beta_{Ce/La}=2.8$
Ce^{3+}	3.6×10^{-4}	$-4+0.556$	$\beta_{Pr/Ce}=1.5$
Pr^{3+}	5.4×10^{-4}	$-4+0.732$	$\beta_{Nd/Pr}=1.3$
Nd^{3+}	7.0×10^{-4}	$-4+0.845$	$\beta_{Pm/Nd}=2.7$
Pm^{3+}	1.9×10^{-3}	$-3+0.279$	$\beta_{Sm/Pm}=3.2$
Sm^{3+}	5.9×10^{-3}	$-3+0.771$	$\beta_{Eu/Sm}=2.2$
Eu^{3+}	0.013	$-2+0.114$	$\beta_{Gd/Eu}=1.5$
Gd^{3+}	0.019	$-2+0.279$	$\beta_{Tb/Gd}=5.3$
Tb^{3+}	0.100	$-1+0.000$	$\beta_{Ho/Dy}=2.2$
Dy^{3+}	0.280	$-1+0.448$	$\beta_{Er/Ho}=3.0$
Ho^{3+}	0.62	$-1+0.792$	$\beta_{Tm/Er}=3.5$

续表

稀土离子	分配系数 D	$\lg D$	分离系数 β
Er^{3+}	1.4	0.146	$\beta_{Yb/Tm}=3.0$
Tm^{3+}	4.9	0.690	$\beta_{Lu/La}=2.8$
Yb^{3+}	14.7	1.167	$\beta_{Ce/Yb}=2.0$
Lu^{3+}	39.4	1.595	

【实验仪器及试料、试剂】

1. 实验仪器

康氏电动振荡机(振次 243 次/分)、250 mL 分液漏斗、移液管、量筒。

2. 实验试料、试剂

稀土试料液:含镧(La)(g/L)________,钐(Sm)(g/L)________,镥(Lu)(g/L)________;酸度按轻、中、重三组分离所需酸度调整。

预处理好的 P_{204} 萃取剂、1.6 mol/L 盐酸洗涤液。

【实验步骤】

(1) 设计拟订 P_{204} 分离轻、中、重三组稀土元素的技术条件,如相比、酸度、温度、水相与有机相浓度、平衡时间、澄清分离时间等。

(2) 将水相的酸度调到 0.25～10 mol/L HCl 的酸度。

(3) 按设定的相比先将所需体积的水相移入分液漏斗中,加入相应相比所需的有机相体积;然后置于康氏电动振荡机上按所拟订的平衡时间进行振荡。

(4) 按图 2-4-2 所示程序进行三级错流萃取。

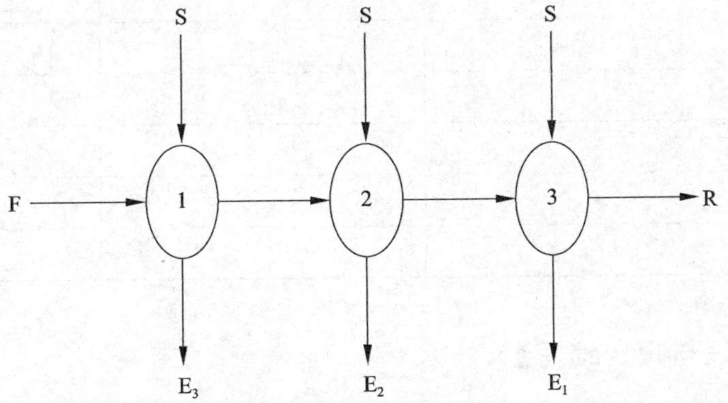

1,2,3—分液漏斗编号;F—试料液,即水相;S—新有机相;

E_1,E_2,E_3—负载有机相;R—萃余液

图 2-4-2 三级错流萃取示意图

(5) 对 E_1,E_2,E_3负载有机相进行二级洗涤。

(6) 对洗涤液及萃余液进行化学分析,确定镧、铈的含量,考察分组分离效果。

(7) 调整萃余液的酸度,按三级错流操作进行中、重稀土元素的分组分离实验。

(8) 对第二次产出的负载有机相进行二级洗涤。

(9) 对第二次产出的洗涤液及萃余液进行分析检验,确定钐、镥(或钇)的含量,以考察中、重稀土元素的分组分离效果。

【注意事项】

(1) 当其他条件不变时,重、中、轻稀土元素的分组分离主要取决于水相的酸度,因此控制水相的酸度很关键,水相的酸度应以分析检验为准。

(2) 在分析检验中,重、中、轻三组中只检验其中的一种稀土元素,考察分离效果,以减轻实验工作量;对所分析检验的稀土元素的含量在试料液中可控制得稍高些。

(3) 若分组分离效果不理想,可改变本实验所列的萃取工艺及条件。

(4) 若条件不够,可只做中、重稀土元素与轻稀土元素分离的实验。

(5) P_{204}循环使用一段时间后需进行处理。

【数据记录】

试料液中化学成分的质量浓度(g/L):镧(La)__________、铈(Ce)__________、钐(Sm)__________、镥(Lu)__________、钇(Y)__________;淋洗液组成__________;萃取剂P_{204}的质量浓度(g/L)__________。

实验记录项目如表 2-4-2 所示。

表 2-4-2 实验记录项目

时间	萃取条件	操作内容	现象观察

【数据处理与报告编写】

1. 数据处理

根据实验结果计算分组分离效率。

2. 报告编写

实验报告内容应包括实验名称、日期、目的;基本原理;试料液化学组成;萃取技术条件；数据记录；对实验结果的分析讨论。

【思考题】

（1）稀土元素的分离有哪些特殊性？

（2）影响 P_{204}萃取分离稀土元素的因素有哪些？

【参考文献】

[1] 李洪桂. 湿法冶金学[M]. 长沙：中南大学出版社，2002.

[2] 杨佼庸，刘大星. 萃取[M]. 北京：冶金工业出版社，1988.

[3] 王开毅，成本诚，舒万银. 溶剂萃取化学[M]. 长沙：中南工业大学出版社，1991.

[4] 吴炳乾. 稀土冶金学[M]. 长沙：中南工业大学出版社，1997.

实验 2-5　稀土元素萃取分离多级模拟实验

【实验目的】

（1）了解进行多级模拟实验在萃取分离中的意义。

（2）掌握多级模拟实验的实验方法。

（3）熟悉萃取分离在稀土元素分离中的重要性。

【实验原理】

萃取分离多级模拟实验是实验室研究多种工艺条件、确定实际级数的一种常用方法。它是在分液漏斗中用间歇操作模拟连续多级萃取过程的实验。这种方法比较接近工业实际，实践证明是行之有效的。通过实验可达到如下目的：

① 发现多级萃取中可能出现的各种现象，如乳化、第三相等；

② 在比较理想的情况下，研究多种物质在萃取过程中的行为；

③ 检验选定的工艺条件（如相比、酸度、浓度、盐析剂类型等）是否合理，能否满足对产品质量和回收率的要求；

④ 最终确定所需的实际级数。

多级模拟实验方法必须先根据不同的分离要求，在预先进行单项条件实验的基础上，进行所需级数估算并大体确定一个级数，并且确定相比、料液浓度、酸度、组分、有机相浓度、洗涤液酸度等，然后用多个分液漏斗进行多级模拟实验。

本实验用 P_{204} 萃取分离稀土元素，利用镧系元素的原子半径随原子序数的增大而逐渐减小，且其与 P_{204} 形成络合物的稳定性随原子序数的增大而增大，以及在不同酸度下 P_{204} 与稀土元素的络合能力不同的特点，在 P_{204}-煤油-HCl-$RECl_2$ 体系中，通过对相比、级数和洗涤等条件的调节，控制一定的水相酸度和有机相萃取率，使中、重稀土元素进入有机相，轻稀土元素则留在水相中，再利用不同酸度的反萃液分别将中、重稀土元素反萃下来。这样就达到了轻、中、重稀土元素的初步分离。本实验只进行至轻稀土元素与中、重稀土元素的分离。

【实验仪器】

振荡器、125 mL 分液漏斗、烘箱、马弗炉。

【实验步骤】

1. 溶液配制

① 料液配制：称取适量稀土氧化物，在不断搅拌下，逐步加入一定量的工业盐酸中，使氧化物逐步溶解。必要时可以加热，使其反应完全。待溶液清亮时取下过滤，滤液经 N_{235} 净化除杂后，配制成 150 mL 稀土元素的质量浓度为 30 g/L、浓度为 0.5 mol/L 的备用料液。

② 有机相配制：P_{204} 和磺化煤油按体积比 1∶2 混合。

③ 洗液配制：用盐酸配制成 1.6 mol/L 的盐酸洗液。

2. 三级萃取、二级洗涤模拟实验工艺条件

三级萃取、二级洗涤槽体工作流程示意图如图 2-5-1 所示。

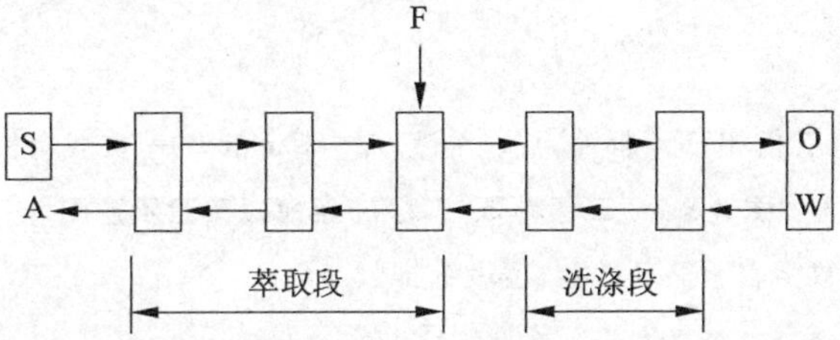

F—料液；S—流入有机相；A—萃余液；O—流出有机相；W—洗液

图 2-5-1　三级萃取、二级洗涤槽体工作流程示意图

料液：三价的稀土离子（$[RE^{3+}]$）＝30 g/L；$[H^{+}]$＝0.8 mol/L；

有机相：P_{204} 和磺化煤油按体积比 1∶2 混合配制；

洗涤液：1.6 mol/L 盐酸溶液；

相比：有机相(S)∶料液(F)∶洗液(W)＝25 mL∶10 mL∶10 mL＝2.5∶1∶1；

总级数：三级萃取、二级洗涤，共五级。

3. 三级萃取、二级洗涤模拟实验步骤

取 5 个 125 mL 分液漏斗，分别编号为 1，2，3，4，5，操作按图 2-5-2 所示箭头方向进行。

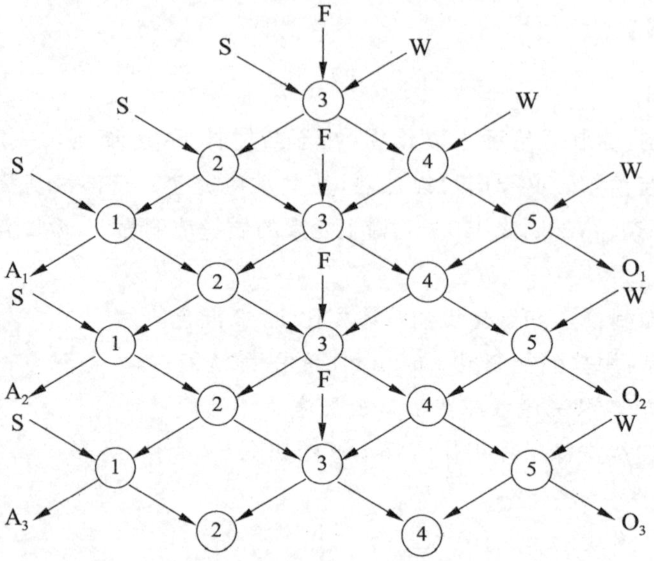

S—有机相；F—料液；W—洗液；A—萃余液；O—负载有机相

图 2-5-2　三级萃取、二级洗涤模拟实验示意图

注：A 和 O 的下标数字表示循环次数，也表示排数。

第一步：从 3 号分液漏斗做起，分别加入有机相 25 mL、料液 10 mL、洗液 10 mL，振荡 5 min。待澄清、分层后，将水相移入 2 号分液漏斗，有机相移入 4 号分液漏斗。

第二步：在 2 号分液漏斗中加入新有机相 25 mL，4 号分液漏斗中加入洗液10 mL，第二次振荡 2，4 号分液漏斗 5 min。待澄清、分层后，将 2 号分液漏斗的水相移入 1 号分液漏斗，有机相移入 3 号分液漏斗；4 号分液漏斗的水相移入 3 号分液漏斗，有机相移入 5 号分液漏斗。

第三步：在 1 号分液漏斗中加入新有机相 25 mL，3 号分液漏斗中加入料液10 mL，5 号分液漏斗中加入洗液 10 mL，第三次振荡 1，3，5 号 5 min。待澄清、分层后，将 1 号分液漏斗中的水相移至干燥的烧杯中，3，5 号分液漏斗中的水相分别移入 2，4 号分液漏斗；将 1，3 号分液漏斗中的有机相分别移入 2，4 号分液漏斗；5 号分液漏斗中的有机相转至有机相收集杯中。

按上述第二、三步继续进行下去，一直到负载有机相和萃余相的被萃取物质含量保持恒定为止，这时萃取体系达到平衡。

每次从首（1 号分液漏斗）末（5 号分液漏斗）各排出一份萃余液 A 或萃取液 O 为一排，即得到 A_1O_1，A_2O_2，A_3O_3，A_4O_4，⋯总体系为三级萃取、二级洗涤，即 1，2，3 级是萃取级，4，5 级是洗涤级。

可以看到，每排中都是 1 号分液漏斗加入新有机相，3 号分液漏斗加入料液，5 号分液漏斗加入洗液，且水相总是向左移动，有机相总是向右移动，一般出料排数是级数的二倍以上就可以认为该萃取体系已达到平衡了。

第四步：分析并计算萃余液 $A_1, A_2, A_3, \cdots A_{10}$ 的稀土元素浓度，并将第 7,8,9,10 次移出水相和有机相的稀土元素浓度记入实验报告中。

4. 后续处理

萃余液经草酸沉淀、干燥、煅烧得轻稀土。负载有机相反萃得中、重稀土或利用不同酸度的反萃液分别将中、重稀土反萃出来。反萃液经草酸沉淀、干燥、煅烧后得中、重稀土氧化物，称重后进行计算。

【数据记录】

将第 7,8,9,10 次移出水相和有机相的有关数据填入表 2-5-1 中。

表 2-5-1　第 7,8,9,10 次有关数据

振荡排数	稀土料液		出口水相			出口有机相		萃取率/%
	V_F/mL	C_F/(g·L^{-1})	体积/mL		C_A/(g·L^{-1})	V_O/mL	C_O/(g·L^{-1})	
			料液 V_A	洗液 V_W				

【数据处理】

(1) 计算混合稀土的萃取率 E：

$$E=\left[1-\frac{C_A(V_A+V_W)}{C_F V_F}\right]\times 100\%$$

式中：C_A—出口水相稀土元素的质量浓度，g/L；

V_F—料液体积，mL；

C_F—料液稀土元素的质量浓度，g/L；

V_W—出口洗液体积，mL；

V_A—出口料液体积，mL。

(2) 试设计五级萃取、四级洗涤分液漏斗模拟实验示意图。

【思考题】

单级萃取和多级萃取模拟实验对设计工业生产用萃取槽有何意义？

【参考文献】

[1] 李洪桂. 湿法冶金学[M]. 长沙:中南大学出版社,2002.

[2] 杨佼庸,刘大星. 萃取[M]. 北京:冶金工业出版社,1988.

[3] 王开毅,成本诚,舒万银. 溶剂萃取化学[M]. 长沙:中南工业大学出版社,1991.

[4] 吴炳乾. 稀土冶金学[M]. 长沙:中南工业大学出版社,1997.

第三章　贵金属冶金学实验

实验 3-1　贵铅坩埚熔炼

【实验目的】

(1) 了解铅冶炼及贵金属冶炼相关知识点。

(2) 掌握熔炼配料计算的方法。

(3) 熟练获取贵铅的实验操作。

【实验原理】

贵铅熔炼是冶炼粗金属的过程，其原理可归结为两个基本方面：① 金属的还原及合金化；② 造渣。

铅作为贵金属捕捉剂和粗金属的主体，铅的还原根据试样成分和性质的不同有如下方式：

$$2PbO + C \longrightarrow 2Pb + CO_2 \quad (1)$$

$$PbS + 3PbO \longrightarrow 4Pb + SO_3 \quad (2)$$

$$PbS + Fe \longrightarrow Pb + FeS \quad (3)$$

$$2PbS + 2Na_2CO_3 + 3O_2 \longrightarrow 2Pb + 2Na_2SO_4 + 2CO_2 \quad (4)$$

$$2FeS_2 + 14PbO + 4Na_2CO_3 + 2SiO_2 \longrightarrow 14Pb + 4Na_2SO_4 + 2FeO \cdot SiO_2 + 4CO_2 \quad (5)$$

熔炼那些无(或极小)还原能力的中性矿石和含 Fe_2O_3、MnO_2 等的氧化矿或焙砂时，就完全是靠还原剂(如碳粉)按反应(1)把部分 PbO 还原成铅；含较多方铅矿(PbS)或其他硫化矿物试样的熔炼，则靠反应(2)～(5)获得铅。氧化铅被碳质还原剂还原相当容易，对于固体碳，还原反应于 450℃左右趋于显著，达 700℃便激烈进行。对于 CO 还原，反应于 180～200℃便已开始，在较高温度及较低的 CO 浓度下，还原反应进行得很快。

无论按何种反应形式进行，生成的金属铅从极度分散的状态汇聚成铅滴，在此过程中把与之接触的贵金属颗粒润湿并溶解入其中，一些易还原金属元素如 Cu，Sb，Bi，Sn 等，还原后亦遵循类似方式进入铅中，最后形成捕收了炉料(试样)中几乎全部贵金属且以铅为主体的多元复杂合金——粗铅，聚集于坩埚底部自成独立的一相。

造渣主要是在 PbO、苏打、二氧化硅和硼砂之间进行，反应可以用如下通式表示：

$$nPbO+mSiO_2 = nPbO \cdot mSiO_2$$

$$nNa_2CO_3+mSiO_2 = nNa_2O \cdot mSiO_2+nCO_2$$

$$nNa_2CO_3+mNa_2B_4O_7 = (n+m)Na_2O \cdot 2mB_2O_3+nCO_2$$

$$nPbO+mNa_2B_4O_7 = nPbO \cdot m(Na_2O \cdot 2B_2O_3)$$

四个主要造渣组分的熔点为 PbO 884℃，Na_2CO_3 851℃，$Na_2B_4O_7$ 878℃，SiO_2 1710℃。造渣反应于 880℃左右已进行明显，850～900℃时相当剧烈，此时炉料处于半熔的黏稠状态，铅的还原已经结束。随着炉温的升高及低熔共晶化合物的不断熔化，铅和钠的硅酸盐和硼酸盐及其他次要造渣氧化物相互溶解和熔合，至 1000～1050℃炉料全部熔毕，均一的炉渣熔体基本形成，造渣过程中碳酸钠分解放出的 CO_2 使熔体表面鼓泡，此现象消失意味造渣已基本完成。最后在大约 1100℃下，形成一层平静均匀的熔融的终渣，由于其比重较小而处于粗铅的上面，此二相互不溶解，无论是液态还是固态，均具有明显的相界面，凝固后极易分离。

熔炼中某些易挥发组分，如硫、铅、砷、锑等，形成相应氧化物以一定的数量进入气相。不应有硫或黄渣的生成，因为它们能良好地溶解贵金属，且恶化渣-铅分层。在熔炼硫化矿试样时，往往出现硫酸钠相，由于其不溶解贵金属，且比重最小而处于最上层，因而不产生有害作用。

【实验试料】

1. PbS 为原料的实验配料

贵铅坩埚熔炼的配料，主要是依据若干经验规则和根据试样特点选择的炉渣酸度确定。现以硫化铅精矿试样为例，说明如下：试样主要组分含量为 70% PbS，12% FeS_2，13% SiO_2；试样称量 20 g，欲获得粗铅 25 g，炉渣酸度取 1。造渣加入的苏打和密陀僧（氧化铅）的质量分别等于矿料质量（20 g）和矿样质量的两倍（40 g）。

首先确定这种具有还原能力的试样可能还原出的铅量（按反应(2)、(4)、(5)等）。根据还原能力实测：PbS—3.4，FeS_2—11.1，应产出铅的量为

$$3.4\times(20\times0.7)+11.1\times(20\times0.12)=74.2\ g$$

可见，还原能力大大富余，比预产铅多出 49.2 g(74.2－25)，必须加入氧化剂（KNO_3 或 $NaNO_3$）使之氧化。取硝酸钾的氧化能力（波动于 3.7～4.7）等于 4，则应加入硝石 12.3 g (49.2÷4)。

造渣的氧化物的量如下：

PbO：40 g

Na_2O（白苏打分解）：62÷106×20＝11.7 g

K_2O（白硝石分解）94÷202×12.3＝5.7 g

当炉渣酸度等于 1，即形成 $2MO \cdot SiO_2$ 硅酸盐时，上述氧化物造渣所需 SiO_2 的量

如下：

PbO：$60\div446\times40=5.4$ g

Na_2O：$60\div124\times11.7=5.7$ g

K_2O：$60\div188\times5.7=1.8$ g

共计需 SiO_2：$5.4+5.7+1.8=12.9$ g

扣除矿样已有的 SiO_2，尚需：$12.9-(20\times0.13)=10.3$ g

根据经验，以硼砂代替三分之一外加的二氧化硅，以改善造渣过程。由计算可知，在酸度为 1 时，1 g SiO_2 相当于 1.35 g $Na_2B_4O_7$，则应加硼砂的量为

$$1.35\times[10.3\times(1/3)]=4.6\ \text{g}$$

那么，所需补加的二氧化硅的量为

$$10.3\times[1-(1/3)]=6.9\ \text{g}$$

与硫化铅（这里不考虑其他硫化物）交互作用产出 25 g 铅所需的氧化铅［按反应(2)］的量为

$$669\div828\times25=20.2\ \text{g}$$

生成硫酸钠所需的碱，可根据矿样的硫量计算确定，亦可根据经验取定按硝石质量的 25%考虑，则用于形成 Na_2SO_4 的苏打的量为

$$12.3\times0.25=3.1\ \text{g}$$

这样，便得出了硫化铅精矿试样坩埚熔炼贵铅的配料如下：

精矿：	20 g
氧化铅：	$40+20.2=60.2$ g
苏打：	$20+3.1=23.1$ g
二氧化硅：	6.9 g
硼砂：	4.6 g
硝石：	12.3 g

应强调的是，这种性质试样的熔炼，应在接近中性的弱还原或微氧化环境中快速进行：高温（850～900℃）进料，于 15～20 min 内结束矿样的分解，之后于 1000～1050℃下再保持 20 min 左右。全部时间不要超过 45～50 min。若不遵守这些条件，便难于达到预期的熔炼效果，导致产出的铅过多或过少、有硫形成等。

2. PbO 为原料的实验配料

实验所用的试样是中性的含银硅质矿石。根据下面给定的条件，任选一个根据经验规定的炉渣酸度，确定熔炼配料。

(1) 含银硅质矿石成分：92.5% SiO_2，3.4% $CaCO_3$，1.8% Fe_2O_3。

(2) 含银硅质矿石称重：25 g。

(3) 产出粗铅：25 g。

(4) 木炭粉还原能力：9.6（本实验条件下实测量）。

(5) 密陀僧量：按产铅 25 g 计，并过量 25%。

(6) 硼砂量：

炉渣酸度 2.0，无水硼砂量为试样质量的 40%；

炉渣酸度 2.5，无水硼砂量为试样质量的 32%；

炉渣酸度 3.0，无水硼砂量为试样质量的 24%。

计算需加入木炭粉、氧化铅、无水硼砂、苏打的用量。（提示：本配料计算中，只有苏打量的计算稍复杂点。先按取定的酸度扣除与试样中的 CaO，FeO 造渣的 SiO_2，然后按同一酸度确定与余下的 SiO_2 及加进的硼砂造渣所需的苏打量）。

在所有计算中，对于少量未还原而入渣的氧化铅均不考虑。计算苏打时涉及的分子式如下：

无水硼砂：$Na_2B_4O_7$ 或 $Na_2O \cdot 2B_2O_3$（若用的是加水硼酸 $Na_2B_4O_7 \cdot 10H_2O$，应按无水硼砂确定的加入量除以 0.53 计）；

酸度 2.0 的炉渣，$Na_2O \cdot B_2O_3$，$3Na_2O \cdot 2B_2O_3$；

酸度 2.5 的炉渣，$4Na_2O \cdot 5B_2O_3$，$5Na_2O \cdot 5B_2O_3$；

酸度 3.0 的炉渣，$2Na_2O \cdot 3B_2O_3$，$2Na_2O \cdot 2B_2O_3$。

【实验步骤】

(1) 确定熔炼配料（进实验室前完成，并经指导教师过目）。

(2) 在天平上尽量准确地称取各项物料（特别是矿样），置于研钵中。

(3) 仔细研磨、混匀全部物料，小心装进已称重的黏土坩埚中，外壁上做好标记。

(4) 用弯嘴钳把坩埚放进 800℃左右的箱式炉内，关上炉门。

(5) 将控温仪上的温度表指示调至 1150℃，然后调节电流、电压至额定功率继续升温。

(6) 温度接近 1150℃时，将仪表由手动改为自动；待温度达 1150℃时，保温 10～20 min 即可出炉。

(7) 将炉门打开，取出坩埚，放地上使之自然冷却，待炉渣和金属凝固后进行称总重。

(8) 敲击已凝固和冷却的炉渣和粗铅，使它们分开。仔细清除干净铅块上黏附的炉渣，并把铅块敲成正方形观察粗铅和炉渣的形状，称出和记录粗铅的质量。查看坩埚内壁是否有铅黏附的迹象，以及炉渣和相分离的情况。综合所得结果得出熔炼是否正常的结论。

(9) 把铅块装入试料袋内由实验室保管，供灰吹实验使用。

【数据记录】

精矿质量(g)____________；氧化铅的质量(g)____________；苏打的质量(g)____________；石英砂的质量(g)____________；硼砂的质量(g)____________；硝石的质量(g)____________；金银合金的质量(g)____________。

【注意事项】

(1) 加热升温时先预热，加热完成后保温 30 min。

(2) 硫、砷、锑含量高的试样先预焙烧以避免生成冰铜或黄渣。

【参考文献】

[1] 彭容秋. 重金属冶金学[M]. 长沙：中南大学出版社，2002.

[2] 杨天足，等. 贵金属冶金及产品深加工[M]. 长沙：中南大学出版社，2005.

实验 3-2　从贵铅中提取金和银

【实验目的】

(1) 掌握贵铅灰吹的基本原理和过程。

(2) 熟悉分金的操作和原理。

【实验原理】

1. 灰吹过程

灰吹是铅试金中贵金属与铅分离的重要手段。将熔融后得到的铅扣置于灰皿中，控温 900℃进行熔炼，此时熔铅与空气中的氧接触变成氧化铅，由于表面张力的作用，大部分 PbO 被多孔的灰皿吸收，小部分挥发掉，金银不被氧化，成合粒状留在灰皿中。根据冶金学中高于金属氧化物熔点的氧化熔炼过程称为灰吹，因此称这一分离方法为灰吹。

2. 分金操作和原理

分金是指金银合粒经硝酸或者硫酸将银溶解除去，金不溶而被分离出来，从而使金、银之间相互分离，其操作简便，效果良好。目前，分金常用硝酸来进行。首先将合粒锤成薄片，加入 10 mL 热硝酸(1+7)，于水浴中加热至煮沸，反应停止后倾出溶液，再加入热硝酸 10 mL(1+2)，继续煮沸 20～30 min 后洗出金粒，经退火后称量。

【实验仪器及试剂】

1. 实验仪器

马弗炉(10 kW，1300℃)、分析天平(0.1 mg)、电子天平(0.01 g)、骨灰灰皿、黏土坩埚(500 mL)、大号坩埚钳、坩埚铁叉(订做)、布手套、铁锤、瓷坩埚(30 mL)、电磁炉、烧杯。

2. 实验试剂

贵铅合金、冰乙酸、硝酸(优级纯)、盐酸、硫氰酸钾、硫酸铁铵(滴定银时用到)、银粉(5 N，校正时用到)、金标(液体，滴定金时用到)、氯化钠(滴定金时用到)等。

【实验步骤】

1. 灰吹过程

灰吹过程可分为三个阶段：铅扣的装入和熔化；铅扣的氧化和吸收；炫色和闪光。

在灰吹时，先将灰皿在 800～900℃的高温炉中预热，除去灰皿中的有机物、水分、二氧化碳及其他挥发性物质后，再把铅扣放到红热的灰皿上。如果灰皿预热时间不够就放上铅扣，则灰皿中残留的气体会逸出，冲破融铅液面，把小铅滴抛出，这个现象称为

"吐唾沫"(spitting)。铅扣熔化后,融铅的表面被空气氧化,形成一层氧化铅薄膜。熔融状的氧化铅与融铅的表面张力不同,氧化铅能被灰皿表面湿润而被多孔的灰皿吸收(毛细管作用),而融铅的内聚力大,不被灰皿吸收。熔融的氧化铅从融铅表面上滑下来渗入灰皿中,露出新的表面又被氧化,刚生成的熔融状的氧化铅又被灰皿吸收,如此不断反复,直到铅全部氧化成氧化铅被灰皿吸收为止。

在此过程中,只有约1.5%的氧化铅以铅蒸气的形式挥发到空气中,98.5%左右的氧化铅被灰皿吸收,金银不被氧化。随着氧化铅被灰皿吸收后,金银逐渐浓缩,待这一过程完毕,金银呈圆球形的小珠(又称合粒)留在灰皿凹部中央。铅扣中的杂质在灰吹过程中也被氧化,它们氧化的先后顺序,与各种金属氧化物的形成热和自由能的大小有关。锌、锡、铁、镍、钴、砷、锑在铅氧化之前按顺序先后被氧化,其中锌最先被氧化成氧化锌,锡次之。铅被氧化后,铋、铜、碲先后被氧化。这些杂质在灰吹时生成的氧化物,有的成气体逸出(如 As_2O_3,Sb_2O_3),有的氧化物能溶解在氧化铅中(如氧化铜),随氧化铅也被吸收到灰皿中而被除去。

在灰吹过程中,金银不但与铅分离,同时还能将进入铅扣中的杂质除去。因此,最后得到的金银合粒比较纯净,有利于以后金银的测定。灰吹过程时间较短,以0.8~1.0 g/min的速度进行。

影响灰吹的因素有以下几点:

(1) 灰吹的温度:温度对灰吹的影响是很大的,一般应控制在850~900℃,如温度太低会产生冻结,温度太高又会导致金银在灰吹过程中的损失增加。

(2) 贱金属存在:在试金熔炼时,除了贵金属进入铅扣外,还有一些易被还原或者易溶解于铅的元素如铜、铋、硒、碲、砷、锑、镍等也会进入铅扣中。这些贱金属进入铅扣后,铅扣变硬,锤打时易裂口,不但改变了铅扣的物理性能,还会给灰吹带来困难,并且使贵金属的损失增大。

2. 分金过程

此过程应注意:① 所用蒸馏水不应含有氯离子;② 所用硝酸应事先预热;③ 分金后的金粒清洗时不能碰碎,否则质量会偏低。

分金操作:从灰皿上取下合粒,观察其颜色和形状。一般合粒的形状为圆球形,表面光洁,呈银白色。如果合粒的颜色是黄白色或黄色,表示合粒中金的成分很高,这样合粒中银将不被硝酸溶解或者溶解不完全,要补加银到合粒中,使合粒中的银量为金量的三倍以上,再进行分金。合粒表面粗糙不平或呈结霜状,可能含有铂。取下合粒,在铁砧上锤成薄片、称重,此为金和银的合量。

将合粒置于上过釉的25 mL瓷坩埚中,在650~700℃退火几分钟,冷却后,加入20 mL煮沸的硝酸(1+7),在低温电热板上加热。锤扁的合粒应立即与硝酸反应,由银白色变为黑色,并放出氧化氮气体。在加热时,坩埚中的硝酸溶液不应沸腾,如见黑色的合粒薄片在溶液中翻腾,即表示加热温度太高,有可能使金片分散。加热20~40 min,反应停止后,用倾泻法将硝酸银溶液倾出。再加20 mL沸腾的硝酸(1+1),第二次分金的操作和第一次相同。倾出硝酸溶液后，用热的蒸馏水洗涤三次，然后把瓷坩埚放在电热板上低温加热，使金粒干燥，再把坩埚移到高温电炉上将金粒退火，这时金粒便从黑色的无定形状态变为黄色的纯金。金粒冷却后称重，即为金的质量。前后两个质量的差值就是银的质量。

【数据处理】

（1）银/金含量的计算。

（2）实验及数据分析。

【注意事项】

（1）分金用的硝酸不能含盐酸或氯离子。

（2）金银合金中银与金的比例要大于 3∶1。

【思考题】

金银合金加硝酸分离时如何避免金粒粉碎？

【参考文献】

[1] 杨天足，等. 贵金属冶金及产品深加工[M]. 长沙：中南大学出版社，2005.

[2] 北京矿冶研究总院分析室.矿石及有色金属分析手册[M].北京：冶金工业出版社，1990.

【附　录】

矿石中贵金属化学分析

➢原理

虽然利用火试金法富集矿石中的贵金属是一种比较传统的方法，但就其准确度和适用矿种方面，尤其是从比较大量的试样中富集微量的贵金属仍具有独特的优点。目前，火试金法在地质、矿山等部门还作为可靠的方法在生产上广泛应用，国内外不少标准分析方法中仍然采用该法。

本法是利用金、银、铂、钯等贵金属在高温熔融下能与熔铅形成合金，而与试样中的其他成分分离。铅在高温条件下易氧化成氧化铅，且渗透于多孔的骨灰灰皿或镁砂灰皿中，但贵金属则不具备这些性质，这样便可以使铅与贵金属分离。得到贵金属合粒后，再分别采用适当方法测定贵金属的含量。

➢试金配料

配料就是将试样与适量的干试剂（即碳酸钠、氧化铅、硼砂、二氧化硅及氧化剂或还原剂）混合，于高温下熔融后，使其能得到两种产物：一种是熔点低、密度小、流动性好、冷却后易与铅扣分离并且是均质的熔渣;另一种是具有好的延展性、大小适当、不含其他金属杂质的铅扣。为此,熔渣的硅酸度(硅酸度为酸根中氧原子数与盐基性物质中氧原子数之比)必须掌握好,通常硅酸盐矿造渣硅酸度应小于 2,碱性氧化物的硅酸度为 1.5～2.0,含铜镍较高的矿的硅酸度应小于 1。配料前可根据矿样的组分确定熔渣的硅酸度,然后计算各熔剂的需要量(硅酸度可查表 3-2-1 按简易计算法确定)。例如,为了使 50 g 试样(其中含 40% Fe_2O_3,40%$CaCO_3$,20%SiO_2)造渣硅酸度为 2,试求所需要的二氧化硅、氧化铅、硼砂、碳酸钠、淀粉的质量。

由于配料对硅酸度的要求并不十分严格,所以在矿样组成没有准确数据的情况下,配料可参照表 3-2-2 和表 3-2-3 的基本原则确定。

表 3-2-1　造渣能力与每单位质量的二氧化硅质量

元素	原来的化合物	原来化合物的化学式	后来形成的化合物的化学式	每单位质量的二氧化硅所需的原来化合物的质量			
				硅酸度			
				0.5	1.0	1.5	2.0
酸性熔剂							
硼	硼砂玻璃	$Na_2O \cdot 2B_2O_3$	$Na_2O \cdot 2B_2O_3$	1.2	1.3	1.5	1.7
	结晶硼砂	$Na_2O \cdot 2B_2O_3 \cdot 10H_2O$	$Na_2O \cdot 2B_2O_3$	2.2	2.4	2.8	3.1
碱性熔剂							
铅	氧化铅	PbO	PbO	14.9	7.4	4.9	3.7
钠	碳酸钠	Na_2CO_3	Na_2O	7.1	3.5	2.4	1.8
钾	碳酸钾	K_2CO_3	K_2O	9.2	4.6	3.1	2.3
矿石的碱性组分							
锑	三氧化二锑	Sb_2O_3	Sb_2O_3	6.5	3.2	2.2	1.6
	辉锑矿	Sb_2S_3	Sb_2O_3	7.5	3.8	2.5	1.9
钙	氧化钙（石灰）	CaO	CaO	3.7	1.9	1.2	0.9
	方解石或石灰石	$CaCO_3$	CaO	6.7	3.3	2.2	1.7
铜	氧化亚铜	Cu_2O	Cu_2O	9.5	4.8	3.2	2.4
	氧化铜	CuO	Cu_2O	10.6	5.3	3.5	2.7
	辉铜矿	Cu_2S	Cu_2O	10.6	5.3	3.5	2.7
	黄铜矿	$CuFeS_2$	$Cu_2O \cdot 2FeO$	6.1	3.1	2.0	1.5

续表

元素	原来的化合物	原来化合物的化学式	后来形成的化合物的化学式	每单位质量的二氧化硅所需的原来化合物的质量			
				硅酸度			
				0.5	1.0	1.5	2.0
铁	氧化亚铁	FeO	FeO	4.8	2.4	1.6	1.2
	赤铁矿	Fe_2O_3	FeO	5.3	2.7	1.8	1.3
	磁铁矿	Fe_3O_4	FeO	4.9	2.5	1.6	1.2
	黄铁矿（白铁矿）	FeS_2	FeO	8.0	4.0	2.7	2.0
铅	方铅矿	PbS	PbO	15.9	8.0	5.3	4.0
镁	氧化镁	MgO	MgO	2.7	1.3	0.9	0.7
	菱镁矿	$MgCO_3$	MgO	5.6	2.8	1.9	1.4
锰	一氧化锰	MnO	MnO	4.7	2.4	1.6	1.2
	软锰矿	MnO_2	MnO	5.8	2.9	1.9	1.4
锌	氧化锌	ZnO	ZnO	5.4	2.7	1.8	1.3
	闪锌矿	ZnS	ZnO	6.5	3.2	2.2	1.6

注：① 硼砂玻璃及结晶硼砂的造渣能力已考虑了这两种化合物中的 Na_2O_3；

② 如果有 Al_2O_3 的存在，则添加与其质量相等的氟化钙或氧化钙。

表 3-2-2　一般的硅酸盐矿、碱性氧化矿及硫化铜镍矿的配料

配料	硅酸盐矿（硅酸度<2.0）	碱性氧化矿（硅酸度 1.5～2.0）	硫化铜镍矿（硅酸度 0.5～1.0）	不含铜镍锑砷的硫化矿（硅酸度约 0.5）
碳酸钠	与试样质量相等	试样质量的 1～1.5 倍	与试样质量相同，另加硝石用量的 25%	2 倍于方铅矿，3 倍于黄铁矿、闪锌矿
氧化铅	造铅扣用 40 g，另加入二氧化硅或其他杂质所需量	造铅扣用 40g，另加入的造渣用量与试样相等	造铅扣用 40 g，另加含铜量的 30 倍、含镍量的 6 倍、含铜镍总量的 100 倍	维持 35 g 铅扣所需量
硼砂	一般为试剂质量的 1/3，并加入碱性氧化物所需量	试样质量的 1/3	试样质量的 1/3，含铜量高者不加，难熔矿多加	碳酸钠量的 1/4
二氧化硅	一般不加	碱性熔剂和试样中碱性成分造渣时的消耗量，减去试样中的二氧化硅	碱性熔剂和试样中碱性成分造渣时的消耗量减去试样中的二氧化硅	维持熔渣硅酸度为 0.5 所需量

续表

配料	硅酸盐矿（硅酸度＜2.0）	碱性氧化矿（硅酸度 1.5～2.0）	硫化铜镍矿（硅酸度 0.5～1.0）	不含铜镍锑砷的硫化矿（硅酸度约 0.5）
还原剂或氧化剂	淀粉 3 g 左右	淀粉用量：（试样的氧化能力×试样质量＋铅扣质量）/12 或（铅扣质量*－试样还原力×试样质量）/12	硝石用量：（试样的还原力×试样的质量－铅扣质量）/4 或（试样含硫量×20－铅扣质量）/4	3 根 12.7 cm 的长铁钉

注：* 指铅扣质量为 30 g。

表 3-2-3　常见矿样经验配料表　　g

矿样种类		矿样	熔剂						
			碳酸钠	氧化铝	硼砂	二氧化硅	淀粉	硝石	氧化钙
硅酸盐矿		50	60	80	30		4		
铬铁矿		30	45	60	15～20	20～25	5		8
黄铁矿烧渣		40	60	45	45	40	8		10
铜镁矿（选矿）	原矿	40	50	80	35	40	3		
	精矿	10	25	150	8	20	1～2		
	尾矿	40	45	80	40	45	1～3		
	氨浸渣*	50	60	70	35	40	5～7		
铅精矿		20	30	80～90	10	10～12		10～15	
锌精矿		10	25	80	5	15		10	
锌精矿*		15	35	120	25	15			
硫精矿		15	35	120	25	15		20～25	
硫精矿*		30	35	45	35	40			5
砷钴矿（As 50%）*		15	30	80	10	25			
多金属矿		20	40	100	25	30			
铜精矿	含 Cu 10%	30	30	120	10	8		16	
	含 Cu 20%	20	30	130	10	10		14～19	
	含 Cu 30%	10	30	120	2～5	10		6	
试样还原能力实验		5	10	60	5	52			

注：* 表示该矿样需预先焙烧后配料。

➢计算

（1）碳酸钠用量：50 g（一般与矿试样质量相等）。

(2) 氧化铅用量：用于造渣，其量与试样量相等，另外加入生成 30 g 铅扣所需量。

$$50+30\times\frac{m_{PbO}}{m_{Pb}}=50+30\times1.08=82.4\ g$$

(3) 二氧化硅用量：

三氧化二铁与二氧化硅造渣所需量：

$$50\times40\%\div1.3=15.4\ g$$

碳酸钙与二氧化硅造渣所需量：

$$50\times40\%\div1.7=11.8\ g$$

碳酸钠与二氧化硅造渣所需量：

$$50\div1.8=27.8\ g$$

氧化铅与二氧化硅造渣所需量：

$$50\div3.7=13.5\ g$$

碱性物造渣总共需要二氧化硅量：

$$15.4+11.8+27.8+13.5=68.5\ g$$

矿样中所含二氧化硅量：

$$50\times20\%=10\ g$$

用作熔剂所需补加二氧化硅的量：

$$68.5-10=58.5\ g$$

二氧化硅计算量的 2/3 以石英形态加入：

$$58.5\times2\div3=39\ g$$

(4) 硼砂用量：

硼砂的用量依二氧化硅计量的 1/3 加入：

$$58.5\times1\div3=19.5\ g$$

(5) 淀粉的用量：

三氧化二铁的氧化能力：

$$Fe_2O_3+Pb=\!=\!=PbO+2FeO$$

$$207\div160=1.3$$

20 g 三氧化二铁的氧化能力：

$$20\times1.3=26\ g$$

铅扣质量：30 g

需要还原出金属铅：

$$26+30=56\ g$$

需还原能力为 12 的淀粉：

$$56\div12=4.7\ g$$

由以上计算求得的配料如下：试样 50 g；碳酸钠 50 g；氧化铅 82 g；二氧化硅 40 g；硼砂 33 g；淀粉 5.5 g。

➢分析步骤

按照试金配料称取试样和熔剂于试金坩埚中，混匀，覆盖约 10 mm 厚的氯化钠，将坩埚放入约 900℃的试金炉内，关闭炉门，在 45～50 min 内升温至 100℃，保持 10 min，出炉，将坩埚内熔融物倒入铸铅模中，冷却后把铅扣和熔渣分离，取出铅扣，抵成立方体，称量。然后将铅扣放入预先在 900℃的炉顶预热 20 min 的灰皿中，关闭炉门 1～2 min，待铅扣熔化，表面黑色膜脱落后立即打开炉门，同时炉温控制在 850～1000℃，直至熔铅全部灰吹完，当出现金银合粒的光辉点后，把灰皿移至炉门附近，放置片刻，取出，冷却后从灰皿上取出合粒，然后采用不同的方法分别测定金、银的含量。

➢注意事项

(1) 对铜精矿富集银时，银的损失随着进入熔渣中氧化铅量的增加而增加，故应做二次试金进行校正，即将熔渣和灰皿砸碎磨细(预先将食盐层分离好)，加入 50 g 碳酸钠、30 g 硼砂、30 g 二氧化硅、4 g 淀粉，混匀，上盖氯化钠，试金，灰吹，所得银量和第一次试金的银量合并。必要时可做第三次试金操作。

(2) 对金、银含量低的铜精矿，可用干-湿试金法，将试样先经硫酸溶解，使金、银与大量的铜、铁、硫等元素分离，然后再试金。操作步骤如下：称取 25～50 g 试样于焙烧皿中，放入高温炉中，从室温升至 550℃，保温 1 h，取出冷却，将试样移入 800 mL 烧杯中，加入 100 mL 水和 25 mL 硫酸，置于电热板上加热至恰好冒硫酸烟时取下，稍冷后，加入 500 mL 水、10 mL 10 g/L 氯化钠溶液、10 mL 10 g/L 硫酸肼溶液，加热煮沸 3 min，取下，冷至室温后用中速定量滤纸过滤，将沉淀物全部转移到滤纸上，用滤纸仔细擦净杯壁，用水洗涤滤渣 2～3 次，滤渣连同滤纸放入试金坩埚中，烘干，灰化。然后称取 40 g 碳酸钠、50 g 氧化铅、5 g 二氧化硅、10 g 硼砂和 3 g 淀粉，置于盛有滤渣的试金瓷坩埚中，搅拌均匀后覆盖氯化钠，进行试金操作。

(3) 硫、砷、锑含量高的试样，有时会产生冰铜或黄渣，使贵金属损失在这些物质中，预先把样品焙烧可以除去其中的硫、砷及部分锑，也便于掌握样品的还原能力，进行合适的配料。

(4) 灰皿的制造：骨灰灰皿，取等量的骨灰粉(牛、羊骨灰)和水泥(500 号)、镁砂灰皿，取 8 份磨细的煅烧镁砂(要求有 63%以上能通过 0.074 mm 的筛孔)和 15 份水泥，混合均匀后，加入 8%～12%的水，调成以手握紧时能成块状为度，过筛，在灰面机上压成灰皿，或用手工制造，阴干 1 个月后使用。实验表明，金、银在灰吹中的损失，以镁砂灰皿最小，骨灰灰皿次之，纯水泥灰皿最大。

(5) 富集铂、钯、金时，如矿样含银量较少，则在试样和试剂混匀后，用小勺挖一小孔，加入 8～10 mg 硝酸银作为载体。

(6) 对贵金属含量较高的试样，亦可采用在 100 mL 瓷坩埚中，称取 1～5 g 试样，加入 12 g 碳酸钠、60 g 氧化铅、5 g 硼砂、20 g 二氧化硅、2 g 淀粉，混匀，铺上 4～5 g 二氧化硅和碳酸钠混合物(2+3)，放入 1000℃的试金炉中，在 30～40 min 内使炉温升至 1100℃，出炉，取出铅扣，灰吹。

第四章 有色冶金设计实验

实验 4-1　铝土矿的拜耳法溶出实验

【实验目的】

(1) 了解在实验室中由铝土矿用拜耳法制取氧化铝的过程。

(2) 了解实验室小型高压釜设备的使用方法及技术条件的控制。

(3) 理解氧化铝溶出率并掌握其计算方法。

【实验原理】

工业上金属铝的生产一般分两步进行:第一步是从含铝矿物中生产氧化铝;第二步是用氧化铝生产金属铝。

目前,工业生产氧化铝的主要原料为铝土矿,生产工艺有拜耳法、碱石灰烧结法、拜耳-烧结联合法。本实验用拜耳法溶出铝土矿中的氧化铝。拜耳法的原理就是以下反应在不同的条件下朝不同的方向交替进行:

$$Al_2O_3 \cdot xH_2O + 2NaOH \rightleftharpoons 2NaAl(OH)_4 + (x-3)H_2O$$

式中,当溶出一水铝石和三水铝石时,x 分别等于 1 和 3;当分解铝酸钠溶液时,x 等于 3。

在高温条件下以氢氧化钠溶液溶解铝土矿,使其中的氧化铝水合物按上式反应向右进行到铝酸钠溶液,而矿石中钛、铁杂质和绝大部分硅则成为不溶解的化合物。将不溶解的残渣(由于含氧化铁而呈红色,故称之为赤泥)与溶液分离,经洗涤后弃去或综合利用,以回收其中的有用组分。铝酸钠溶液净化后,加入氢氧化铝晶种,在不断搅拌和逐渐降温的条件下进行分解,使上述反应向左进行析出氢氧化铝,并得到含有大量氢氧化钠的溶液;母液经蒸发浓缩后再返回用于溶解新的一批铝土矿;氢氧化铝经过焙烧脱水后得到产品氧化铝。

拜耳法生产氧化铝具有生产流程简单、单位耗能低、产品(氧化铝)质量好的优点,但不能处理 A/S(矿石中 Al_2O_3 与 SiO_2 的质量之比,简称铝硅比)低的铝土矿,仅适合处理 A/S 大于 7 的铝土矿,尤其是 A/S 大于 10 的铝土矿。

本次小型实验过程中仅采用 2 L 的高压釜用 NaOH 溶液来溶解铝土矿中的三氧

化二铝并进行固液分离，其他实验步骤(铝酸钠溶液的净化、晶种分解及氧化铝的煅烧)不做介绍。

在铝土矿的溶出过程中，为避免 TiO_2 生成钛酸钠溶液，使氧化铝的溶出性能显著恶化，故在溶出过程中添加适量的石灰，使 TiO_2 生成不溶的钙钛化合物，避免生成钛酸钠，从而消除 TiO_2 的危害，并且石灰的添加还有利于提高 Al_2O_3 的溶出速度及改善赤泥的沉降性能等。

【实验仪器及试剂、试料】

1. 实验仪器

2 L 高压釜 1 台、药物天平 1 台、真空泵 1 台、电炉 1 台、抽滤瓶 1 个、布氏漏斗 1 个、500 mL 烧杯 1 个、三角烧瓶 2 个、2 mL 取样器若干支、50 mL 滴定管 1 支。

2. 实验试剂、试料

(1) 试剂：NaOH 溶液、氧化钙(CaO)、甲基橙、二甲酚橙、盐酸(1＋1)、氨水、EDTA 溶液、乙酸-乙酸钠缓冲溶液、锌标准溶液、氟化钠。

(2) 试料：铝土矿。铝土矿的成分如表 4-1-1 所示。

表 4-1-1　铝土矿成分

项目	Al_2O_3	Fe_2O_3	SiO_2	TiO_2
含量/%				

【实验步骤】

1. 配料

以 100 g 铝土矿为基数，按下式计算配料：

$$C=2T$$

$$M=cV$$

式中：C—CaO 的物质的量；

T—试料中 TiO_2 的物质的量；

M—NaOH 的物质的量；

c— NaOH 的质量浓度，本次实验取 250 g/L；

V—浸出过程中 NaOH 溶液的体积。

2. 铝土矿的溶出

(1) 溶出条件：

铝土矿：100 g；

NaOH 的质量浓度：250 g/L；

液∶固＝6∶1(体积质量比)；

溶出温度：170℃；

溶出时间：40 min；

搅拌速度：900～1000 r/min。

（2）溶出步骤：

① 按液∶固＝6∶1 的比例在药物天平上称取一定量的固体 NaOH 配成 250 g/L 的 NaOH 溶液，倒于 2 L 的高压釜内。

② 在药物天平上依次称取所需的 CaO 及磨细的铝土矿放入高压釜内，用玻璃棒将矿浆搅拌均匀。

③ 高压釜的釜盖合在釜体上，并将釜盖上各出气口的针形阀拧紧。釜盖上的螺纹按十字对称的形式分两次拧紧，力矩分别为 50 N·m 和 100 N·m，第三次以 100 N·m 的力矩挨个将螺纹拧紧。

④ 接通高压釜控制柜的电源，并开启高压釜的搅拌开关至转速为 400～500 r/min，开始升温，升温电压为 220 V，达到规定温度后开始计时，将搅拌转速调高至 900～1000 r/min。

⑤ 恒温 40 min 后关掉升温按钮，并将搅拌转速调至 400～500 r/min，通入冷却水使釜体降温至 60℃左右后停止搅拌。

⑥ 拧开釜盖出气口的针形阀，将釜内气体放出，按十字对称的形式将釜盖螺纹拧松，釜盖搬离釜体，倒出矿浆进行下一步操作。

3. 过滤洗涤

（1）过滤：将高压釜内产出的矿浆倒入布氏漏斗内，开启真空泵进行真空抽滤。

（2）洗涤：将滤液尽量抽干，之后用热水冲洗滤渣多次，尽量将滤渣中的水分抽干，然后停真空泵。取下布氏漏斗，倒去滤渣，洗净布氏漏斗待用。

（3）洗涤条件：

① 洗水温度：85℃以上；

② 洗涤次数：4 次以上；

③ 洗水量：25～30 mL/次。

4. 取样分析

将上述过滤得到的滤液倒入量筒，待冷至 25℃后，量出体积并记录数据，用 2 mL 的取样管取样两次，分析方法见附录。将取完样后的溶液倒入玻璃容器内待用。

取样要求：① 取样前应用溶液洗涤取样管 2～3 次；② 取样时应尽量准确；③ 取样结束后用蒸馏水将取样管洗干净放好。

【数据记录】

从升温开始每隔 10 min 记录一次铝土矿溶出过程的现象，实验数据记录表如表 4-1-2 所示。

表 4-1-2　实验数据记录表

时间	温度/℃	压力/MPa	转速/(r·min^{-1})	现象

【数据处理与讨论】

1. 计算 Al_2O_3 的溶出率

氧化铝的溶出率是指实际反应后进入铝酸钠溶液中的 Al_2O_3 与原料铝土矿中的 Al_2O_3 总量的比值，即

$$\eta_{实}=\frac{C_{液}\times V_{液}}{1000\times Q_{矿}\times W(A_{矿})}\times 100\%$$

式中：$C_{液}$—铝酸钠溶液中 Al_2O_3 的质量浓度，g/L；

$V_{液}$—铝酸钠溶液的体积，mL；

$Q_{矿}$—矿石的质量，g；

$W(A_{矿})$—矿石中氧化铝的质量分数，%。

2. 讨论

实验结束后，对实验中出现的问题进行讨论并提出自己的看法。

【注意事项】

(1) 实验中使用电器设备时，应谨慎，以防触电及烫伤。

(2) 配料称量要准，防止洒落。

(3) 接触酸、碱时要谨慎，以防烧坏皮肤及衣服。

(4) 溶出过程要认真观察温度和压力变化，并按要求认真做好笔记。

【参考文献】

张训鹏.有色冶金概论[M]. 北京：冶金工业出版社，1987.

【附　录】

Al_2O_3的分析方法

➢分析步骤

用 2 mL 的取样管吸取溶出液 2 mL 移入 250 mL 三角烧瓶中，加蒸馏水 70～80 mL，之后滴加 2 滴 0.5％的甲基橙，摇匀后滴加盐酸（1＋1）酸化至红色不褪去为止，再加入 15 mL 15％ 的 EDTA 溶液，然后加热至 60～70℃取下三角烧瓶，用氨水中和至溶液变为亮黄色后加乙酸-乙酸钠缓冲液 20 mL，并煮沸 3 min 后冷却至室温（强化冷却）。滴加 3 滴 0.5％的二甲酚橙指示剂，摇匀，用 0.05 mol/L 的锌标准溶液滴定至亮红色（不计数，但不能过量并记清红色的深浅程度）。之后加氟化钠 0.5 g 于三角烧瓶中，在电炉上煮沸3 min（在沸腾过程中要随时注意观察，防止溶液喷出瓶口影响分析结果），然后取下冷却至室温，并用洗瓶冲洗三角烧瓶内壁。再用锌标准溶液滴定至亮红色（与前面的红色一致）即为终点，记录下所消耗的锌标准溶液的体积。

➢计算

溶液中 Al_2O_3含量按下式进行计算：

$$C_{Al_2O_3}=\frac{V_1\times T}{V_2}\times 1000$$

式中：$C_{Al_2O_3}$—溶液中 Al_2O_3的质量浓度，g/L；

V_1—滴定时所消耗的锌标准溶液的体积，mL；

V_2—所取试样的体积，mL；

T—锌标准溶液对 Al_2O_3 的滴定度，本次实验中为 0.0051 g/L。

实验 4-2　高效提取铅冰铜中的铜

【实验目的】

(1) 了解铅冰铜含有的元素及各物质含量。

(2) 掌握铅冰铜的湿法冶炼工艺。

(3) 掌握铅冰铜湿法冶炼的原理及高压釜仪器的使用方法。

【实验原理】

铅冰铜是铅锌矿火法冶炼过程中的一种副产品，其主要成分为铜、铅、铁的硫化物。对铅冰铜物料进行氧压浸出，可将金属硫化物转变为硫酸盐，易溶的硫酸盐进入溶液，难溶的硫酸盐则进入浸出渣，实现有价金属的初步分离，硫以元素硫的形式产出。氧压浸出发生的主要化学反应如下：

$$CuS+H_2SO_4+0.5O_2 = CuSO_4+S^0+H_2O \tag{1}$$

$$Cu_2S+2H_2SO_4+O_2 = 2CuSO_4+S^0+2H_2O \tag{2}$$

$$ZnS+H_2SO_4+0.5O_2 = ZnSO_4+S^0+H_2O \tag{3}$$

$$PbS+H_2SO_4+0.5O_2 = PbSO_4+S^0+H_2O \tag{4}$$

此外，Fe^{2+} 的存在有利于反应进行，$FeSO_4$ 被氧化成 $Fe_2(SO_4)_3$，见式(5)；$Fe_2(SO_4)_3$ 又与 MeS 反应，被还原成 $FeSO_4$，见式(6)。如此反复，直至物料中的硫化物反应完全。

$$2FeSO_4+H_2SO_4+0.5O_2 = Fe_2(SO_4)_3+H_2O \tag{5}$$

$$CuS+Fe_2(SO_4)_3 = CuSO_4+2FeSO_4+S^0 \tag{6}$$

当硫酸浓度较低时，溶液的 pH 进入 SO_4^{2-} 的稳定区，Fe^{2+} 也水解释放出游离酸，见式(7)。

$$Fe_2(SO_4)_3+4H_2O = 2FeOOH+3H_2SO_4 \tag{7}$$

释放的游离酸可促进金属硫化物的进一步溶解。随着溶液的硫酸浓度增加，溶液的 pH 又进入元素硫的稳定区，如此反复，直至反应结束。也有部分金属硫化物直接被氧化成硫酸盐的形式，见式(8)。

$$MeS+2O_2 = MeSO_4 \tag{8}$$

式中：Me 为 Cu，Zn，Pb 等金属。

【实验仪器】

FYX-2 型高压釜，旋流电解仪，循环水真空泵。

【实验步骤】

1. 实验流程

铅冰铜湿法处理工艺流程如图 4-2-1 所示。

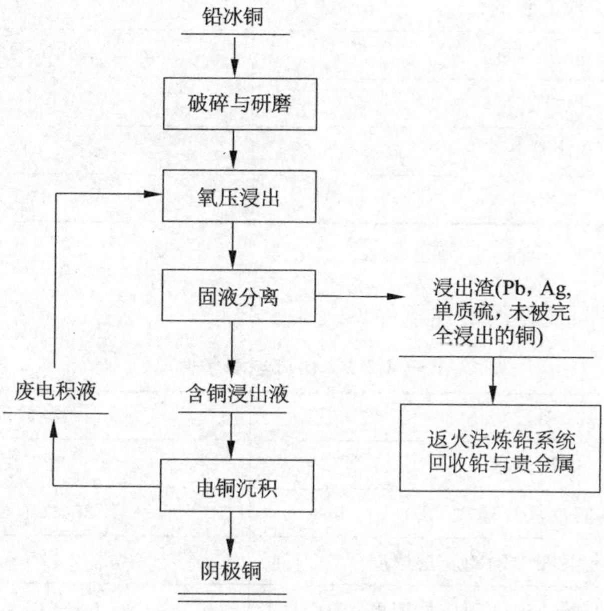

图 4-2-1　铅冰铜湿法处理工艺流程

2. 酸量控制

理论酸量(T)按下式计算：

$$V_{H_2SO_4}^{T}(mL)=\left(\frac{m_{Cu}}{A_{Cu}}+\frac{m_{Pb}}{A_{Pb}}\right)\cdot\frac{M_{H_2SO_4}}{\rho_{H_2SO_4}\cdot C_{H_2SO_4}}$$

式中：m_{Cu}—物料中 Cu 的量，g；

m_{Pb}—物料中 Pb 的量，g；

A_{Cu}—Cu 的相对原子质量，63.5；

A_{Pb}—Pb 的相对原子质量，207.2；

$M_{H_2SO_4}$—H_2SO_4的相对分子质量，98；

$\rho_{H_2SO_4}$—用于配酸的硫酸密度，g/mL；

$C_{H_2SO_4}$—用于配酸的硫酸中 H_2SO_4的质量浓度。

3. 酸浸

酸浸的实验条件见表 4-2-1。

在最佳浸出条件下，铜浸出率为 97%；浸出液铁含量<5 g/L；渣率为 30%；铅入渣率为 100%；银入渣率>98%；铁入渣率>60%；单质硫产出率为 25%。

表 4-2-1　酸浸的实验条件

项目	参数范围
浸出时间	2～3 h
氧气分压(总压)	0.8 MPa (1.2～1.3 MPa)
理论酸量	T
浸出温度	140～150℃
搅拌速度	600 r/min
固液比	10∶1
粒度	100 目

4. 旋流电解

旋流电解获得阴极铜的最佳条件见表 4-2-2。

表 4-2-2　循流电解条件

项目	参数范围
电流密度	220 A/m^2
电解液循环速度	250 $L/(m^3 \cdot h)$
电积终点电解液中铜的质量浓度	25 g/L
电积终点电解液中铁的质量浓度	10 g/L
温度	25～40℃
添加剂	20～70 $g/t_{(Cu)}$
电流效率	＞90%

【数据记录】

浸出时间(h)__________；浸出温度(℃)__________；液固比__________；硫酸用量(mL)__________；浸出液中铁的质量浓度(g/L)__________；浸出液中铜的质量浓度(g/L)__________。

【数据处理】

$$铜的浸出率=\frac{浸出液中铜的质量浓度(g/L)\times 浸出液体积(L)}{铅冰铜的质量(g)\times 铅冰铜中铜的质量分数}$$

$$电流效率(\eta)=\frac{阴极铜的质量(m_{Cu})}{铜的电化当量[1.186\ g/(A\cdot h)]\times 电流强度(A)\times 电积时间(h)}\times 100\%$$

【注意事项】

(1) 实验前先检查加压釜是否漏气、安全阀是否完好。

(2) 检查氧气钢瓶气体的压强。

(3) 旋流电解仪使用时旋流速度不宜过大。

【参考文献】

[1] 北京矿冶研究总院分析室.矿石及有色金属分析手册[M].北京:冶金工业出版社,1990.

[2] 李洪桂. 冶金原理[M]. 北京:科学出版社,2005.

[3] 李洪桂. 湿法冶金学[M]. 长沙:中南大学出版社,2002.

[4] 彭容秋. 重金属冶金学[M]. 长沙:中南大学出版社,2002.